记忆的技术

张文会 ■ 编著

中国商业出版社

图书在版编目（CIP）数据

记忆的技术 / 张文会编著 . —北京：中国商业出版社，2015. 12

ISBN 978-7-5044-9225-8

Ⅰ. ①记… Ⅱ. ①张… Ⅲ. ①记忆术

Ⅳ. ① B842.3

中国版本图书馆 CIP 数据核字（2015）第 317594 号

责任编辑：朱丽丽

中国商业出版社出版发行

010-63180647 www.c-cbook.com

（100053 北京广安门内报国寺 1 号）

新华书店总店北京发行所经销

北京毅峰迅捷印刷有限公司印刷

*

635 × 965 毫米 16 开 14 印张 200 千字

2016 年 8 月第 1 版 2016 年 8 月第 1 次印刷

定价：36.80 元

* * * *

前言

preface

从古到今，成功的人往往记忆力非凡。拿破仑以能记住部队里每个军官的名字而闻名天下；霍特尔将军凭着记忆能够复述出英法大战中的几乎每个事件；托斯卡尼尼指挥整个交响乐章可以不用乐谱；美国的前任邮政部长法利记住了成千上万个人的姓名。所以说，超凡的记忆力是一个人成功的素养之一。

那么，什么是记忆呢？所谓“记忆”，是指人们识记、保持和运用经验的过程，是选择、存储和提取信息的过程。记忆在我们的生活、学习、工作中无时无刻、无所不在地活动着，它是人的一种生理、心理活动的本质特性，人生是充满生机与创造力的，而一切生机与创造力的存在与发展都离不开记忆这个源泉。

或许你会说：我的记性不好！事实上，人的记忆力是无限的，古代罗马人鲁塞斯·西比奥能够记住所有罗马人的名字；赛勒斯能叫出他军队中每个士兵的名字；而塞尼卡 2000 个单词只听上一遍，就能记住并且复述出来。所以并不存在诸如记性不好这样的事，只存在经过训练的和未经过训练的记忆力的区别。生活中，我们希望甚至需要记住很多的东西，并且需要让这种记忆能够更准确、更牢固、更持久。因此，不断提升记忆效果是我们每个人的必做的功课。

本书的目标不仅仅在于造就某一方面的杰出记忆力，还要使你的记忆力在整体、在各个方面都达到一个更高的水平。在我们看来，经过训练与未经训练的记忆力的差别不一定就只表现在单词、数字、预约或公务的记忆上，而是在对所有事物的记忆上。

如果你阅读和学习这本书，你将获得一种经过训练的记忆力。在获得了训练有素的记忆力之后，你也许将有更强的注意力、更敏锐的观察力，甚至更丰富的想象力。当然，你也会有过目不忘的绝佳记忆力。

目录
contents

第一章　记忆常识：了解你的记忆力之源

第二章　记忆基础：好记性必须有的素养

第三章　记忆技术：增强记忆效果有方法

第五章 生活记忆：生活必需的记忆术

第一章
记忆常识：了解你的记忆力之源

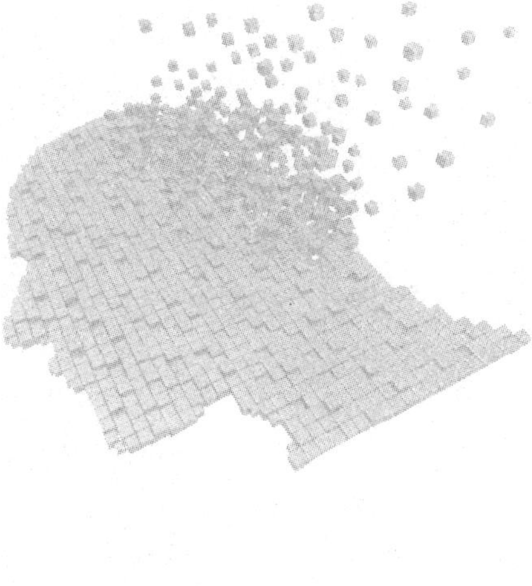

1. 什么是记忆力

记忆力是衡量一个人智力高低的一个重要指标。《辞海》中给出的“记忆”的定义是：人脑对经验过的事物的识记、保持、再现或再认。识记即识别和记住事物特点及联系，它的生理基础为大脑皮层形成了相应的暂时神经联系；保持即暂时联系以痕迹的形式留存于脑中；再现或再认则为暂时联系的再活跃。通过识记和保持可积累知识经验。通过再现或再认可恢复过去的知识经验。用现代的观点来看，记忆就是人们把在生活和学习中获得的大量信息进行编码加工，输入并储存于大脑，在必要的时候再把有关的储存信息提取出来，应用于实践活动的过程。把两者结合起来，可以将记忆的含义表述得更确切一些。所谓记忆，就是人们对经验的识记、保持和应用过程，是对信息的选择、编码、储存和提取过程。

人类之所以能够认识世界、改造世界而成为“万物之灵”，关键就在于人类具有卓越的思维能力和记忆能力。依靠这些思维、记忆能力，人类才得以学习、积累和应用各种知识、经验，并不断地推动历史的发展和社会的进步。

人们在漫长的社会生活与学习中需要记忆来学习和工作，但人的记忆却因人的个体差异而不同。据说，伟大的音乐家莫扎特到罗马的圣提里教堂欣赏亚里格的演奏。因为教堂当局不准任何人取走乐谱，散会后，莫扎特回到家中，只凭记忆就一句不漏地将乐谱写了下来。

我国明朝的刘钦谟也是一位记忆天才，一次他在大街上遇到大雨，就躲到一家染衣店的账房间避雨，闲着无事，把账簿仔仔细细翻了一遍。后来这家染衣店遇到火灾，衣物账簿全部付之一炬。顾客索取衣物，掌柜的无法应付，乱成一团。这件事恰巧又叫刘钦谟看到了，他就要了笔和纸，把衣物账目毫发不差地全部默写出来，各人得到了自己的衣物，一场纠纷由此平息。可见人与人之间的记忆力差距有多么巨大。

粗略来说，记忆力分为两种：一种是通过倾听别人的谈话或阅读，用耳朵来记忆的听觉性记忆；另一种是通过眼睛来看，用眼睛记忆的视觉性记忆。记忆的方法因人而异，擅长用耳朵来记忆的称为听觉型，擅长用眼睛来记忆的称为视觉型。这两者之间的差距通过记忆分类我们就更容易看清。

一般来说，我们可以从记忆品质的敏捷性、持久性、正确性和备用性等四个方面来衡量和评价一个人的记忆品质及记忆的优劣。

记忆的敏捷性是说一个人记忆速度的快慢，指一个人在一定时间内能够记住的事物的数量。人们记忆的速度有相当大的差异。比如有的人背诵一首唐诗重复5次就可以记住了，但有的人却需要重复26次才能记住。这就说明了人的记忆在速度方面即敏捷性方面存在着明显的差别。记忆是否敏捷取决于大脑皮层中条件反射形成的速度。条件反射形成得快，记忆就敏捷；条件反射形成得慢，记忆就迟钝。

记忆的持久性是指记住的事物所保持的时间的长短。仅有敏捷性还不能称之为良好的记忆。记忆的事物能在头脑中保持长久的时间才是记忆巩固程度的体现。从生理学角度来说，记忆的持久性取决于条件反射的牢固性。条件反射建立得越巩固，记忆就越持久；条件反射建立得越松散，记忆就越短暂。

记忆的正确性是指对原来记忆内容的性质的保持。如果一个人的记忆力又快又牢固，可就是经常记错。这样的记忆也是毫无用处的。所以说“正确性”是良好记忆的最重要的特点。如果记忆总是不正确，那它就是毫无用处甚至是有害的。记忆的正确性是保持人们获得正确知识的重要的心理品质。从生理上说，记忆的正确与否与条件反射有关。如果条件反射形成得准确、牢固，记忆的正确性就好，反之，如果条件反射形成得不正确、不准确、不牢固，记忆的正确性就差。因此，要想使自己的记忆具有最大限度的正确性，就要从条件反射建立的正确性和准确性上去努力。

记忆的备用性是指能够根据自己的需要，从记忆中迅速而准确地提取所需要的信息的性能。记忆的备用性是决定记忆效能的主要因素，是判断记忆品质的最重要的标准。记忆的备用性也是记忆的敏捷性、持久性、正确性、系统性和广阔性的体现。记忆如果没有备用性，它就失去了存在的价值。记忆的备用性并不是天生就有的，而是后天培养、锻炼的结果。要想使自己的记忆具有良好的备用性，首先要使记忆具有正确性、系统性和持久性；还要通过各种方法培养锻炼自己记忆的技巧，并多运用已经记忆的知识，达到“熟能生巧”的程度，这样记忆也就具有较好的备用性了。

记忆的四种品质是有机联系，缺一不可的。为了使自己具有良好的记忆能力，我们就必须注意培养自己丰富、系统、精确而巩固的条件反射，以求达到优秀的记忆品质的效果。

2. 记忆是人类生存进化之本

“附近最大的超市是哪一家？”如果有一天突然有人问你一个这样的问题。

你会说：“我去过，答案就在我嘴边上！可是我突然又想不起来了！”

“你把那本书放在哪里了？”家人这样问。

你会说：“好像在床头的抽屉里。”

……

很多时候，我们总是想不起来曾经做过的事，又有过多少次在你需要什么的时候，任凭你如何拼命地想，有些东西就是想不起来。当然，这问题不只是哪一个人有的事，几乎所有的人都受到过记忆力差的困扰。这也是人类一个最常见的不幸。可以说，关于记忆力的问题，是我们每个人都会在实际中遇到的问题。

可以说，记忆是一种极为普通的心理现象，同时又是一门吸引了许多学者的新兴学科。对每个人来说，如何提高自己的记忆力是一件非常重要的事情，因为只有具备了良好的记忆力，才能够在学习和事业上取得更加出色的成就。

一切活力与创造力都离不开记忆这个源泉。失去了记忆，人的行为就必然会失去活力和创造力，甚至会失去许多属于“本能”的本领，人就很难生活下去。

至今为止，还没有人能够给记忆做出一个比较让人满意的定义，目前大家公认的关于记忆的一种简单的概括，就是“记忆是过去经验在人们头脑中的反映”。

具体来说，人们认为记忆是“对经历过的事情能够记住，并能够在以后再现和回忆，或在它重新呈现的时候能够再认识的过程。它包括识记、保持、再现或再认三个方面。通过识记和保持，可积累知识经验，通过再现和再认，可恢复过去的知识经验。个人记忆的快慢、准确、牢固和灵活程度，可能随其记忆的任务和目的、对记忆所采取的态度和方法而异；个人记忆的内容则随其观点、兴趣、生活经验而转移，对同一事物的记忆，个人所牢记的广度和深度也往往不同”。

美国著名的心理学家赛马克在1972年对人的记忆力做了全面的研究，他认为：“记忆力研究仍然处在探讨人类借以熟记和保持信息的方法的阶段。记忆机制这个东西，我们天天都在利用它，但我们并不知道它是怎样发挥作用的，甚至不知道它是否真的存在，因而记忆机制的实质至今为止还是一个谜。”

事实也的确如此。人的记忆机制是属于人脑机能的一部分，人脑机能和宇宙空间、基采粒子是至今还未被科学界完全揭晓的三大宇宙之谜，许多国家的科研工作者至今还在探讨它们的奥秘。因此，关于记忆的概念，我们实在难以给出一个科学的解释。尽管记忆是如此神秘，我们还是依靠自己的记忆，创造了一定成就。尽管有许多人在哀叹自己的记性不好，但这又确实是可以改变的！

现在，就在你自身内部，就蕴藏着克服由于记忆力差而产生的烦恼的能力。如果你真能利用这一能力的话，你的记忆力在几天内就能提高几十倍。

每个人的天资都不低，这天资就是你的记忆力。而你若想使这一记忆力得以充分发挥，你就必须去调动它，使用它。

古希腊人认为有一位记忆女神——摩涅莫绪涅，而且认为摩涅莫绪涅是九位科学和艺术之神缪斯的母亲。记忆女神对人们有什么贡献呢？希腊大戏剧家埃斯库罗斯通过他剧中的主人公普罗米修斯做了这样的描述：

“请听，我为凡人做了些什么？我为他们发明了数字，教会他们把字母连缀成词，给了他们记忆——凡此种种，都是缪斯的母亲所兴起。”

这当然只是古希腊的神话，而不是事实。当人们对记忆这个事物还不能进行科学的研究和认识时，就难免给它涂上一层神秘的色彩。但是，从神秘的希腊神话中可以看出，那时候的人们就已经很注意记忆这种现象及其重要作用了。

让我们回到现实中来，通过我们随时随地都可以遇到的记忆的实例，来考察和认识记忆的科学含义。

比如，您和一位老朋友好久未见，两人忽然相见立刻就能认出对方，并能叫出对方的姓名，尽管您好像早已把他忘得无影无踪了。再比如，您过去学过的成语典故、外语单词，看过的电影镜头、听过的歌剧唱段等等，一旦需要，就会很快在脑海中重现……

这样的事例可以举出很多很多，这些都是记忆的具体表现。

总之，在日常生活中，人们感知着各种事物，产生各种思想和感情，进行各种活动，都可以作为经验经过识记，在头脑中保存下来，并在以后的一定条件下得到恢复重现。这就是记忆。人的记忆能力，实质上就是向大脑储存信息以及进行反馈的能力。

人生是充满活力、创造力的，而一切活力与创造力都离不开记忆这个源泉。失去了记忆，人的行为就必然会失去活力和创造力，甚至会失去许多属于“本能”的本领，人就很难生活下去。即使勉强存活下去，实际上也不能称其为人生了。正是依靠记忆能力，人类才得以学习、积累和应用各种知识、经验，才能不断地推动历史的发展和社会的进步。总之，记忆对人类的生存、进化和社会前进都是非常重要的，记忆是人类生存进化之本。

◎ 记忆技术点拨：人人都有记忆力

正常的人是不可能没有记忆力的。如果不信，请试试回答下面的问题：

（1）写下从孩提时代到现在你所记得的 10 个人的名字（你的家庭成员除外）。

（2）试唱（或背）一首孩提时代的儿歌或童谣。

（3）请尽可能把最初所学的英语（或其他外语）单词回想出来。

（4）试写出一至两个小学时代的老师或校长的姓，当然最好写出姓名。

（5）试把你过去游览过的地点及有关事情叙述出来。

（6）试把你两年来读过的某本书的书名及作者姓名写出来。

（7）5 年前你可曾出席过什么盛会，请尽可能详尽地描述出来。

（8）写出 3 个 5 年以来未见面的校友或朋友的姓名。

（9）你能回想出多少个两年来未用过的电话号码或地址。

（10）试复述一年之前所听过的笑话。

（11）试说出 5 个现在朋友的姓名，回想起你与他们见面的时间、地点及会面情况。

（12）列出过去你养的或邻居养的猫或狗的名字。

怎么样？当你回答过上述问题之后，你会发现自己的记忆力比你原来所意料的好得多。

3. 没有记忆生命就没有意义

记忆对于人类的生存和发展具有无可比拟的重要作用，可以说如果没有记忆，那么人类的生命也就毫无意义了。具体来说，记忆对于人类的作用突出表现为以下几方面：

第一，记忆是人类提高认识能力的基础。我们都知道，现在人类凭借自己的智慧和力量，已经将自己的探索空间扩展到了地球以外的星球，许多以前只出现在人们想象中的事情——例如嫦娥奔月，如今已成为现实。在微观世界，科学家们已经洞察到了基本粒子的奥妙。然而，这些成就的取得，都离不开一个前提条件：记忆。

所以，俄国伟大的生理学家谢切诺夫在探讨人类的记忆时，说“记忆是整个心理生活的基本条件”，他认为人类具有认识世界的能力，所以社会才得以发展。实验表明，人类的记忆可以为感知提供经验，如果没有了记忆，任何知觉就难以实现。记忆是从感知到思维的桥梁，是人的想象力得以发挥驰骋的基础，没有记忆，就不会有人类的思维。

正是因为有了记忆，人们才能够在不断认识和改造世界的过程中，逐渐地积累经验、运用经验。也就是说，正是因为有了记忆，人们才能够在以往的基础上进行新的反思，从而保证了对外界的更进一步认识和研究。通过记忆，人们丰富了自己的知识，提高了自己的认识能力，这也正是记忆对于人类的重要作用之一。

第二，记忆是人类生存发展的前提。在前几年，我们经常从有关的报纸、广播和杂志上看到一些关于“狼孩”“狗孩”“猪孩”的报道，其实这些所谓的“狼孩”“狗孩”“猪孩”，正是由于失去了人的生存环境，同时也失去了人类具备的最基本的生理能力——记忆力，使得他们和动物没有任何区别。由于长期和动物生活在一起，严重地妨碍了他们大脑的正常发育，也严重地抑制了他们的记忆能力，他们虽然回到人类社会中来，但是他们也很难像正常人那样进行思维了。

由此可见，人如果失去了记忆，就和野兽没有什么两样。人类之所以能够摆脱野蛮和愚昧，逐渐进入文明社会，其中记忆的功劳不可抹杀。

对于记忆的这一重要作用，苏联著名的心理学家鲁宾斯坦曾说过：“如果没有记忆，我们便会成为转眼即逝的东西。从将来看过去，所看到的便是一片死寂而已。而所谓现在，随着它一分一秒地流逝，也会一去不复返地消逝在过去之中。基于过去所产生的知识和技能都不可能存在，与个人意识汇成一体的心理活动也不可能存在，就连我们在一生中实际上持续不断地进行的，并且使我们变成了今天这个样子的学习活动也不可能存在。”

第三，记忆是人类社会历史发展的推动力。在经过上百万年的发展之后，人类社会才有了现在的文明和进步。在人类历史的长河中，人的生命的记忆和人类历史的长河相比，犹如沧海一粟。人类正是依靠自己大脑的记忆功能，将祖祖辈辈积累的经验一代一代地传递下去，使得后人在前人的基础上对社会、对历史的认识进一步加深，人类社会也才由此得到不断的进步和发展。

正因为有了记忆功能，人类才创造出了语言、文字、书籍以及我们今天的各种各样的高科技产品。英国科学家约翰·卢保克就说过："书籍对于整个人类的关系，好比记忆对于个人的关系。书籍记述了人类的历史，记录了所有的新发现，记载了古今历史所积累的知识和经验。"著名作家高尔基也曾经指出："读书，这个我们习以为常的平凡过程，实际上是人的心灵和上下古今一切民族智慧相结合的过程。"可以说，自古以来，凡是在政治、经济、文学、科学、教育等各个领域有所建树的人，不是记忆超群、天资聪颖就是勤奋刻苦、记忆得法。他们的成功与他们出色的记忆密不可分。因此，谁要想成才，成就一番事业，就非得提高自己的记忆不可。

第四，记忆是人类学习知识的重要工具。英国著名哲学家培根说过："一切知识，不过是记忆。"

17 世纪著名的教育家、捷克人夸美纽斯也曾经指出："假如我们能够记得曾读到、听到和我们所曾欣赏过的一切事物，并随时可以应用，那时我们便会显得何等有学问啊！"

在这里，培根和夸美纽斯所强调的正是记忆对于人类学习知识的重要性。很难想象，一个人如果没有记忆，或者记忆力很差，他能够将自己所学的知识融会贯通。在现实中，我们常常会遇到这样一些人，他们今天学习的知识，到了明天就会忘记；而他们明天学的知识，到了后天又会忘记，他们总是感叹自己记不住任何东西，抱怨自己的记性差，甚至哀叹自己不是学习的料。相反，另外一些记性好的人，他们对所学过的知识能够印象深刻，在需要的时候能够随时调出来，成为别人羡慕的对象。

事实上，那些记性好的人和记性不好的人相比，更容易走向成功。因为他们在学习的过程中，更快地记住、吸收了自己所学的知识，因而也更容易学习新的知识，并进一步探讨更加复杂的问题，从而不断推进自己的思维发展，使自己脱颖而出，逐渐走向成功。

4. 认识记忆的几种类型

经过科学家的研究分析，我们得知每个人都有自己特有的记忆类型，这些记类型具体包括：视觉型、听觉型、运动型和混合型等。我们每个人都有自己特有的记忆类型，一旦我们认识到了自己的记忆类型，用来帮助自己进行记忆，会让我们在记忆的时候，取得事半功倍的效果。下面，就让我们认识一下记忆的这几种类型。

（1）视觉型

视觉型是借助视觉效果来达到帮助记忆事物的类型。在现实生活中，我们经常看到有的人对颜色非常敏感，他们对于自己所看到过的颜色印象非常深刻；而有的人却对形状非常敏感，能够对自己所看到过的各种事物的形状记忆犹新。在这里，人们就是借助自己的视觉功能来实现对事物的记忆。

人们在看视频的时候，会对各种精彩的广告留下非常深刻的印象，这其中除了广告的内容比较新颖、别致之外，还有一个重要的因素就是广告中的商品对人们的视觉造成了一定的冲击。例如有的商品在包装颜色上非常讲究，有的商品在外形结构上能够吸引观众，有的商品利用视屏画面的变换来吸引观众的注意力。其实，不论这些广告如何花样百出，它们能够吸引观众注意的关键点就在于充分利用了观众的视觉型记忆功能。

一般来说，人的记忆以视觉型居多。据有关科学家的研究统计，我们可以得知人类的记忆信息中，有70%～80%是视觉型的。尤其是对一些特殊行业的人来说，他们对视觉型记忆的依赖尤为明显，例如画家、服装设计师、美容师、设计人员等，他们的视觉记忆能力特别强。因此，对于这一类型的人来说，将记忆的信息视觉化，对他们进行记忆最为合适。

在婴幼儿的教育当中，也有人发现利用视觉功能帮助孩子进行记忆非常有效，因为孩子对事物充满了好奇，他们对自己所看到过的东西能够在脑海中留下一定的印象，这可以解释，为什么在绝大部分的婴幼儿教学中采用彩色挂图教育的原因。

（2）听觉型

这种记忆类型主要是依靠人的听觉功能来实现对事物的记忆。在现实当中，有许多利用听觉帮助记忆的现象。例如，许多人从小时候就喜欢音乐，他们总是在身边带一个录音机或随身听，一有空就听音乐和歌曲，久而久之，自己也对这些音乐和歌曲非常熟悉，甚至自己也会弹唱。还有人在学习外语的时候，会一而再，再而三地听外语磁带，加深对所学的外语课文内容的熟悉程度。

听觉记忆功能可以通过训练产生。例如，电话接线员能够分清很多不同人的声音；在工厂工作的机械工人能够借助工具的敲打声来判断机器有没有故障；人们学习外语时经常收听外语广播节目，以提高自己的外语听力水平等。显然，这些能力并不是天生的，通过努力（听觉记忆），我们可以提高自己在许多方面的能力。

（3）运动型

这种记忆类型主要是依靠动作来达到对事物的记忆。例如，我们常常见到许多教师在课堂上让同学们做一些游戏，这些游戏大多和他们所学的课文知识有关。如在学习《雷雨》这篇课文时，教师组织大家进行舞台表演，让同学们扮演不同的角色，利用这种方式来加强对这篇课文的理解和记忆。通过这种方式，大大加深了同学们的印象，也增加了大家对语文学习的兴趣。

运动型记忆的特点，就是通过整个身体运动器官的活动，来达到对事物的记忆。由于这种记忆不是纯粹的机械记忆，因此一旦记住就很难遗忘。这是运动型记忆和其他记忆类型明显不同的地方。

体育运动就是依赖运动型记忆的典型例子。例如人们一旦学会了骑自行车、打乒乓球、打网球之后，就终生难忘。

（4）混合型

混合型记忆是指视觉型记忆、听觉型记忆、运动型记忆这三种类型的混合体。当然，在这种记忆类型中，并不是所有的记忆类型都具有同等的地位。例如对有的人来说，可能视觉型记忆更多些，而其他两种记忆则相对要少些；而有的人则运动型记忆要多些，另外两种记忆要少些。

也就是说，混合型记忆是不平衡的，大都偏向于某一种类型。但是即使是视觉型记忆较强的人，同时也要依靠听觉记忆、运动记忆来记忆事物。

记忆，看似是脑袋的事，其实不是。从记忆的类型看，脑袋还需要很多辅助才能完成记忆。总的来说，如果我们认识到了自己的记忆类型，并且能够将各种记忆类型综合起来，那么在记忆东西的时候也许会更加有效。

5. 人的大脑为什么会遗忘

不知你是否有过这样的经历，往往在你说过一句话之后，自己回想一下却怎么也想不起来，说的到底是什么？人为什么会遗忘？它是如何形成的呢？

记忆力是我们储存及抽取资讯的能力，学习一些记忆的技巧，则更有助于增强你的记忆力，以便于你更容易记住你所观察的事物，并在你的脑海中长时间地保持。

首先，你可以先了解一下记忆的三大系统：

（1）感官记忆

感官记忆指保留住你从感官立即接收到的资讯、视觉、听觉、嗅觉、味觉和触觉，会将讯息传至大脑。感官记忆是稍纵即逝的，前一个印象在几秒种之后很快就被新的印象所取代。

（2）短期记忆

短期记忆，指暂时保留资讯，为时约 20 分钟到 30 分钟，除非你继续练习，否则你无法长久保存资讯，有些短期记忆的项目会传达到长期记忆中。

（3）长期记忆

长期记忆，是保留进一步处理过的资讯，且能储存大量的资讯，储存在长期记忆中的资讯可维持数年，甚至终生不忘。

人们为什么会遗忘？遗忘是如何形成的？经过专家们研究讨

论已找出了相关的答案，他们认为，虽然许多记忆存放在长期记忆中，但它们并不是随时可取得的，如果你把资讯误存到资料库，你便无法立即取出来。在放置资讯的时候，应该找到一些线索，让你意识到它的存在，假如你使用文字处理机，若不输入文档名，便无法抽取资讯，在你的记忆中也会仿佛有很多东西都消失掉了。如果你能找到相关的线索，也许就可以把这些资讯抓回来。

专家们对遗忘的另一解释是，消退理论，也就是不用则退的道理。就像你多次走过的草地所形成的小路，当人不再走这条小路时杂草就会慢慢长起来，以至埋没它。同样的道理，如果你背了很多诗词、公式以及外语单词，如果你很久都不去使用它们，那么它们就会与你擦肩而过，好像永远消失了一般。然而，你可能会感到很诧异，假如你再重新回到学校再学一次的话，很快你就会发现，你已经记住了好几年都没有练习的内容。当你感到当前的新资讯与旧资讯纠缠不清时，也会严重影响你的记忆力，除非你能将它们区分开来，否则它们可能会相互干扰。

一则现代的格言指出，人们能记住 20% 他们所听到的，75% 他们所看到的，而能记住 90% 他们做过的。这个说法似乎暗示着听觉型的学习者处于劣势，其实不然，这则格言隐藏的真正含义应该是参与的器官越多，记忆力就会越强。因此，为了更有效地去学习，就应该尽可能地尝试利用各种感官的学习模式。假如你将自己的学习限制在仅仅听课而已，那忘记的机会就是很大的。相比之下，如果你抱着主动的态度倾听，并将你理解的内容用你自己的话语表达出来，那么你在学习和记忆方面的胜算便会大幅度增加。换言之，如果能结合听、看、做这三种方式，你可能会学得更好。举例来说吧，书写和朗诵有助于记忆，将资讯用图示表示出来，也是不错的方法，若再加上一些颜色，使重要的部分凸显出来，则更有助于记忆了。

读过这些理论之后，你有何感想？其实这些理论的主旨就是，记忆尤如学习一般，是一种主动而非被动的过程，你对自己的记忆握有大部分的主导权，而且可以训练自己记住更多所观察和学习到的事物，根据自身情况，可以拟订出特别的策略来增进你的记忆力。

艾宾浩斯（Hermann Ebbinghaus，1850—1909）是德国的一位著名心理学家，他曾经做了一个非常著名的实验——他选用了一些没有意义的音节，毫无规律的字母组合，如asww，cfhhj，ijikmb，rfyjbc等等。他通过自我测试，得到了一些数据（如图1-1所示）：

时间	记忆量
刚刚记忆完毕	100%
20分钟之后	58.2%
1小时之后	44.2%
6-9个小时后	35.8%
1天后	33.7%
2天后	27.8%
6天后	25.4%
一个月后	21.1%

图1-1　艾宾浩斯实验数据图

然后，艾宾浩斯又根据这些数据描绘出了一条曲线，这就是非常有名的揭示遗忘规律的曲线。不使用任何工具的记忆效果图（如图1-2所示）。

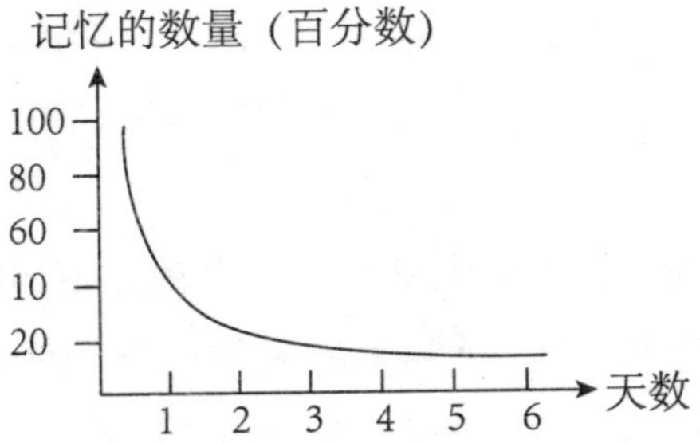

图1-2　不使用任何工具的记忆效果图

这条曲线告诉人们在学习中的遗忘是有规律的，遗忘的进程很快，并且先快后慢。观察图 1-2，你会发现，学得的知识在一天后，如不抓紧复习，就只剩下原来的 25%。随着时间的推移，遗忘的速度减慢，遗忘的数量也就减少。有人做过一个实验，两组学生学习一段课文，甲组在学习后不复习，一天后记忆率为 36%，一周后只剩 13%。乙组按艾宾浩斯记忆规律复习，一天后保持记忆率为 98%，一周后保持 86%，乙组的记忆率明显高于甲组。

6. 了解大脑的秘密

英国作家、心理学家、教育家托尼 • 布赞简明地指出："你的大脑就像一个沉睡的巨人。它是由千万亿个脑细胞构成的，每个脑细胞就其形状而言就像最复杂的小章鱼。它有中心，有许多分支，每一分支都有许多连接点。几十亿脑细胞中的每一个脑细胞都比今天地球上大多数的电脑强大和复杂许多倍。每一个脑细胞与几万至几十万个脑细胞连接。它们来回不断地传送着信息。这被称为迷人的织造术，其复杂和美丽的程度在世间万物中无与伦比。而我们每个人都有一个。”

从顶部到脑干，你的大脑包括3个截然不同的部分：大脑、小脑、脑干。其次，你的大脑有左右两部分。两部分控制不同功能并以不同的方式工作。两部分通过一个奇妙的电子化学胼胝体连接，其本身有3亿个活跃的神经细胞。它像一部电话自动交换机那样瞬时将信息传递开去。

人的脑量有1400毫升，重量只有约3.5磅，然而它却是世界上最复杂的系统。

人的大脑主要有神经细胞构成，每个神经细胞的边缘又都有若干向外突出的部分，被称作树突和轴突。在轴突的末端有个膨大的突起，叫做突触小体。每个神经元的突触小体跟另一个神经元的树突或轴突接触。这种结构叫作“突触”。神经元通过“突触”跟其他神经元发生联系，并且接受许许多多其他神经元的信息。神经元传递和接受信息的功能，正是大脑具有记忆的生理基础。每个神经元上有多少个突触呢？有人估计，在人们大脑皮层每个神经元上平均有3万个突触。而人脑的神经元大约有140亿个。这样的结构特点，就使大脑成为一个庞大的信息储存库。一个人脑的网络系统远比当今的英特网还复杂。

人类对大脑了解得越多，越发现人脑的容量和潜能远远超过早期的预料。脑的储量足以记录每秒1000个新的信息单位（从出生到死亡）而绰绰有余。最近的实验指出，事实上我们能记住发生于我们周围的每一件事。

脑的运算速度之快是令人咋舌的，几百分之一秒内接收一个人脸的视觉映象；在1/4秒内分析它的许多详细情况，并将全部信息综合成一整体在大脑中产生一个明确的、三维的面容。即使从未在这个地点见过这个面容及其表情，人脑仍能从其庞大的记忆中的数张其他面容中识别这一面容，能想起关于这个人的许多印象。全部过程仅需要1秒钟。上述情况发生时，脑分析和整理视觉信息及其他感觉信息，用声音和气味来协助鉴别这面容。脑能控制和调整身体的位置，保持其平衡或平稳运动，并连续地控制体内数百个参数，校正任何偏离正常的地方，以维持身体的最佳功能状态。在我们一生中的每时每刻，大脑以这种方式时刻不断地觉察、记忆、控制和综合无数不同的功能。

人们常说，我们只用了我们全部智力潜能的10%。但现在看来，这个估计是过高了。我们用的连3%都不到，有可能是0.1%或更少。

就人脑的复杂性和多功能性而论，它远远超过地球上的任何复杂计算机。它的数学运算和循序渐进的逻辑分析过程是非常迅速的，然而这些能力仅仅代表人脑许多能力的微小部分。

人脑和计算机之间的最重要区别在于人脑不只是直线似地按逻辑工作，而且能同时对信息进行加工和综合，从中提出普遍性的内容。人脑在不到1秒钟的时间内就能识别一张面孔，世界上却没有一台计算机能做到这一点。计算机发展到今天，能做到从10个左右的物体中识别一个像杯子这样的简单物体，但就是做到这一点对大脑而言是“小儿科”的问题也要花费几分钟时间。而且只能区别物体的大体类别，而不能识别特殊物体。

我们现在对人脑所了解的这些，是在最近的25年中才了解到的，这些知识大多不能在学校学到，但能够改变我们生活学习的方法、思维方式、解决问题的方法和创造方式。

7. 掌握大脑的知识遗忘规律

我们在日常学习中常常发现这样的情况：刚学过的内容，看过的书，很快就不记得了。我们总是这样抱怨自己“我的记性真差，怎么总是记不住”……种种现象都说明了一点：自己的记忆效果并不好。这是为什么呢？难道真的是我们的记性差吗？难道这真的不能弥补吗？当然不是。只要我们掌握了遗忘规律，就可以有效地提高我们的记忆效果。

德国著名的心理学家艾宾浩斯对记忆和遗忘进行了长期的研究，发现了著名的遗忘规律，即遗忘曲线。

通过对无意义音节的研究，艾宾浩斯发现遗忘在识记的初期最快，以后逐渐减慢，到了一定时间，几乎不再遗忘，保持量趋于恒定，即遗忘的规律是先快后慢，先多后少，呈不均衡变化。

为了避免遗忘，我们要及时“复习”需要记住的内容，以达到最好的记忆效果。

俄国教育学家谢切诺夫说：“一切智慧的根源都在于记忆。”学习的过程是一个知识积累的过程，是一个记忆与理解的过程，没有记忆就不可能学到知识。

有实验表明，英语单词一旦记住，时隔一天可以保持 90%；学过以后 3 天不去复习，就会忘掉 60% ~ 70%；3 周时间不复习，记住的单词就所剩无几了。

不只是英语，大脑对其他学科的记忆也是有一定规律的。在学习结束后的短时期内，大脑遗忘的速度较快，遗忘的数量较多。经过一定时期后，就会逐渐平稳，遗忘速度就会减慢，遗忘的数量也会减少。

而且，遗忘现象不是存在于某个人或某些人身上，而是人类在认识事物中每个人都具有的普遍现象。当学生们在学习新的知识时，必然会干扰旧的知识，学到的知识如果得不到巩固，则保持在大脑中的痕迹必然会逐渐减弱以致消失。

针对大脑这种遗忘的规律，我们应该通过及时“复习”来防止遗忘。这里的及时是指，在遗忘还没开始的时候就去温习学过的知识或回忆做过的事，这样就会延迟遗忘。

在根据遗忘规律帮助我们记忆时，应该注意哪些问题呢?

（1）回忆和温习要趁热打铁

遗忘是立刻发生的，而且刚学过的知识遗忘率最高。所以我们要及时复习学过的知识，也就是要趁热打铁。

（2）避免机械记忆

许多实验都证明，对于无意义的机械记忆内容，及时复习往往胜于集中学习。比如，背英语单词，平时经常性地记一记比集中起来记忆效果要好。

但在有意义的概念形成的学习中，以及在掌握解决问题的技能技巧并形成规律的学习中，集中练习的效果更好。

值得注意的是，遗忘是一种正常的普遍现象，无人例外。应去除认为自己“记性差”的消积心理，这也是提高我们记忆效果的关键。

记不住，原因在于我们没有根据遗忘规律帮自己记忆。在学习知识的时候，防止遗忘正确的、科学的方法是及时复习与经常复习相结合，复习的次数先密后疏，先多后少，即在遗忘速度最快的初学阶段，复习次数应尽可能地多些；随着记忆巩固程度的提高，复习次数可以逐渐减少，间隔的时间可以逐渐延长。

只有遵循遗忘规律，才能帮助我们最大限度地记住所学的知识，使我们的学习成绩逐步提高。

8. 我们是如何记忆的

记忆的最初是利用形象记住事物。就是说，在大脑中好像有个电影银幕，当看到文字或听到话语的时候，要立刻在这个银幕上描绘出形象来。只要经常练习，养成这种习惯，那么看到或听到的事物的形象，就能在很短的时间里映现在头脑中，因而就容易留下记忆。

当脑海中浮现形象的时候，最关键的一点，就是尽可能把它们换成具体的物品。例如，从香烟这个词想象出自己常吸的某品牌香烟的形象；要是领带，就想象出一条有着时兴花样的领带的形象；如果是围巾，就想象出你所喜爱的经常戴着的围巾的形象。

如果只浮现出一般的物品，则印象平淡，不容易记住；反之，若换以自己最熟悉的身边物品来描绘形象，就容易记住。

另一个要领是，要特别夸大形象。在头脑中描绘一支圆珠笔时，如果形象只有实物那样大小，印象就不深。要把圆珠笔的大小扩大到头脑中的银幕那么大。若描绘花，就不要描绘一朵，而要描绘一大片花圃，那样记忆的效果就会更好。

在各种会议上，与其做这样那样的详细文字材料的报告或工作说明，还不如用图表说明更容易理解。因为，这样做能在大脑中直接留下整体事物的形象。

许多名人之所以有超乎常人的记忆力也就是善于利用图像记忆来记忆自己所需的知识。举一个例子来说吧。

任伯年是清末著名绘画大师，擅长花鸟、山水及人物画，尤以人物肖像画最为擅长。任伯年10岁的时候，有一次，父亲出门去办事，家里只有他一个人，正赶上父亲的一位朋友前来拜访。当来访者得知他父亲不在家后，也没留下姓名和口信就转身走了。任伯年的父亲很晚才回家，听儿子说有人来找过他，便问："来的那个人是谁啊？"任伯年当时没有问，来访者也没有说，因此回答不上来。后来，任伯年想了一个办法，就是把来访者的模样画在一张纸上，因为画得非常像，所以父亲一看就知道来访者是谁了。

任伯年能把来访者画下来，固然和他的绘画能力好有很大关系，也和他卓越的记忆能力分不开。任伯年所运用的方法，就是我们所说的图像记忆法。仔细想一想，我们可能都会有这样的体会，在想记住一些东西而又总是无法记住的时候，只要把这些东西转换成图像，便能加速记忆。由此可见，图像记忆对提高人的记忆能力是有很大帮助的。如果你希望自己也拥有图像记忆的超群能力，可以从以下几个方面入手：

首先，经常练习。俗话说："熟能生巧"，要想增强自己的图像记忆能力，就一定要加强练习。例如，我们在听别人讲故事的时候，不要只是被动地听，而应该调动自己的思维，在脑海中呈现出生动的情节；如果是阅读图书，在读到绿油油的小草的时候，眼前就应该想象出一片绿意盎然的小草；读到皎洁的月光的时候，眼前就出现一轮明月……只要经常进行这样的练习，我们的图像记忆能力就会迅速提高。

其次，锻炼自己的想象能力。我们所接触的词语或概念并不总是形象的，在对抽象概念如好坏、上下、左右、大小、多少等进行理解记忆时，单纯的联想是不能奏效的，只有想象力能帮助我们把这些抽象概念赋予一定的形象，从而更好地完成记忆任务。例如，你想识别“好坏”，不妨在纸上画一个好苹果和一个腐烂的苹果；如果想识别“上下”，可以画一条水平线，线的上面就是“上”，下面自然也就是“下”了。

图像记忆法只是记忆法中的一种，但也是最有效的一种，它与想象力紧密地结合在一起，帮助记忆。在实际学习中，并不是所有的记忆都可以采用这种方法。所以，在学习过程中一定要灵活运用你大脑中储有的一切信息。调动所有可用的思维方式帮助记忆的实现。

记忆的最初源于形象，这与人体的构造是分不开的。因为人总是最先以眼睛去感受外物。刺激大脑形成可供记忆的形象。又根椐外物的特征去唤醒大脑深处的记忆。所以，人总是善于用形象记忆法获取记忆的最佳效果。在学习中，我们不妨学一学任伯年的记忆法。也许，可以发现我们的记忆力也大有长进。

9. 你也可以提高记忆力

记忆力这部机器越是开动得多，就越有力量，只要你信赖它，它就有能量。

我国宋代福州地区有个读书人叫陈正之，他刚开始求学时，每拿到一本书，总是迫不及待、匆匆忙忙地读下去，很快就读完了，但是印象却很模糊，收效甚微。为此他经常哀叹自己的记忆力不好，认为自己不是读书的料，时常为此感到苦恼。

后来，陈正之遇到了理学大师朱熹，他将自己的苦恼告诉了朱熹，朱熹对他说："年轻人，你以后读书时，每次只读50个字，并且接连读两三百遍，看看能不能记住。"

陈正之回家后，按照朱熹教给他的方法，每次读书时只读50个字，务求读懂读透，并且努力记住，然后再往下读。经过一段时间的训练，陈正之果然做到读过的书经久不忘。

后来，陈正之的学问大长，成了一位真正学问高深的人。

可见，记忆也要讲究方法。一个人要想记住某些东西，就要运用适当的记忆方法，而不能认为任何东西随随便便就可以记住、记牢。

对数字感到厌烦的人，如果喜欢打麻将，可能很快就能学会算番。对人名没有任何概念的人，却往往能脱口说出很多明星的名字。许多学生讨厌记英语单词，但是他们却能够很流利地唱出英语流行歌曲。

我们对于自己所关心的事物，往往能毫无困难地记住。因此，小学生能够将上学途中所见到的玩具店名记得一清二楚，除了因为儿童的脑部活动比较活泼外，更重要的是他们对事物充满了好奇心。相反的，一个每天坐公共汽车上下班的人，对于窗外的街景却没有丝毫的印象，这就是因为他没有抱着感兴趣的心情去欣赏。

因此，记忆的先决条件就在于对所要记忆的东西要有浓厚的兴趣。

美国得克萨斯州有一种开放式的小学，它们取消了学年制，并把教室的墙壁改装成能够自由移动的装置。有些地方，甚至连课桌也不用，完全让儿童依照自己的想法去计划读书课程。实行这种方法的结果，是儿童在理解和记忆方面的能力提高了很多。

兴趣固然是记忆的源泉，但是，要一个人对他所讨厌的科目发生兴趣，也不是一件容易的事。遇到这种情形，可以和担任该科目的老师，或和该科目成绩特别优异的学生们谈谈，因为他们已经有了若干年的研究心得，必定对该科目有着很浓厚的兴趣。

从彼此的交谈中，你很可能会发现自己对于该科目疏忽的地方，甚至可引发自己对该科目的兴趣。虽然这仅是一点点的兴趣，但是它就像滚雪球一般，能使你的求知欲不断增加，进而帮助你大量地吸收知识，提高记忆力。

记忆在脑部的功能中，占了相当重要的地位。脑部有所谓的旧皮质与新皮质。从发生学上来说，旧皮质是先形成的，它担任了睡眠等维持生命所不可欠缺的机能；而新皮质则担任比较理性的思考等意识活动。

具有震撼力的记忆是最不容易忘记的，因为它突破了旧皮质而达到新皮质，和生命的本能连接在一起，再经过长时间地附着，因此在一般的记忆消失之后，它仍然能留存在脑海里。

我们对于自己看过的歌剧，常常会忘掉它的故事情节，但是，剧中某一幕的印象，却往往会记忆在脑海深处。例如我们小时候看过的《十诫》，其中摩西扬手把海水分开成为一条狭道，然后率领子民渡过的情景，至今依然历历在目。虽然全剧的情节已记不清了，然而，这个画面却能一直清晰地烙印在脑海里。这种记忆很可能是由于第一次见到如此壮观的场面造成的吧！

因此，把你所要记忆的事物，造成一种对自己能产生震撼的效果，也是形成记忆的一种有效的方法。

德国大音乐家门德尔松在他 17 岁那年，曾经去听贝多芬《第九交响曲》的首次公演。等音乐会结束，回到家里以后，他立刻写出了全曲的乐谱。这件事震惊了当时的音乐界。虽然我们现在对贝多芬的《第九交响曲》早已耳熟能详，可是在当时，首次聆听之后，就能记忆全曲的乐谱，实在是一件不可思议的事。

在门德尔松的脑海里，必定有个排列整齐的资料柜，并且将一个一个的音符，严密地分别放入各个抽屉里。如果将他和那些同时聆听却未能把音符按规律放入抽屉里的人相比较，门德尔松自然能够正确地记忆这些音符了。

记忆力好的人，他的资料柜一定摆放得井然有序。记忆力不好的人，则往往不加分类地把事物乱堆在一起。如果我们能时时留意，把想记忆的事物一一分类整理，在装入或取出资料的时候，就比较省事了。

你也许常常抱怨自己会忘记某些事情，不过这其实不一定是什么坏事。真正的“过目成诵”者是很少的。假如对所有见过的东西都过目不忘，那不是真正的聪明，倒可以说有点儿可悲了。

例如有些人学习英文，将一本英文词典，从 A 起一页一页地默记下去。有的人为了锻炼记忆力，竟然逐页背诵电话号码簿。这都是很愚蠢的办法。将词典里的单词硬压进大脑里，到了应用时就会茫无头绪，反而造成混乱。

再比如，你只需要记住某个开车时刻，却把整个列车运行表都背了下来。这不但加重了大脑的负担，时间长了还会变得神经衰弱。

你一定要记住如下秘诀：没必要记住的东西就彻底忘掉好了。可以说，每一个知识渊博的人同时也是一个知识贫乏的人，因为他的注意力是集中在某些最有用的知识上，而对其他一些他认为不重要的东西却一点也不注意，即到了所谓“视而不见”的地步。

英国作家柯南道尔笔下的福尔摩斯就是这样。作者说他“知识贫乏的一面，正如他知识丰富的一面同样惊人”。关于文学、哲学和政治方面，他“几乎一无所知”，甚至“连哥白尼学说及太阳系的构成，也全然不知”。

对此，福尔摩斯反而感到是理所当然，他认为，即使懂得这些，也要尽力把它忘掉。他说：“我认为人的脑子本来像一间空空的小阁楼，应该有选择地把一些有用的家具装进去。只有傻瓜才会把他碰到的各种各样的破烂杂碎一股脑儿地装进去。这样一来，那些对他有用的知识反而被挤了出来；或者，最多不过是和许多其他的东西掺杂在一起。因此，在取用的时候也就感到困难了。所以一个会工作的人，在选择要把一些东西装进他那间小阁楼似的头脑中去的时候，他确实是非常仔细小心的。除了工作中有用的工具以外，他什么也不带进去，而装进去的那些工具又样样具备，有条有理。如果认为这间小阁楼的墙壁富有弹性，可以任意伸缩，那就错了。总有一天，当你增加新知识的时候，你就会把以前所熟悉的东西忘了。所以最要紧的是，不要让一些无用的知识把有用的挤了出去。”

福尔摩斯这些话虽然有失偏颇（例如他不应把各科的知识完全割裂开来等），但他认为“应当记忆有用的知识”这种观点却是正确的。

因此，我们在锻炼自己的记忆力时，必须要知道什么东西具有记忆的价值，然后下定决心，无论如何都要记住它们。从某个方面看，记忆术其实也是“善忘术”，关键是你要选择好记住什么，忘记什么。

◎ 蔡加尼克效应

蔡加尼克效应是格式塔学派心理学家勒温的弟子蔡加尼克于1927年发现的一种记忆现象。在一次实验中，蔡加尼克让被试者连续去做22种工作，其中有些工作让被试者完成，而另一些工作则令被试者中途停止，接着去做别的工作。就全部实验来说，每种工作被完成或被中止的次数完全相等；就每个被试者来说，完成的工作和被中止的工作各占一半。当每一被试者完成一次实验后，他就立刻让被试者去回忆所做过的工作的名称。结果发现，绝大多数被试者首先回忆到的是那些被中止而未完成的工作名称，对此，被试者不仅回忆得快，而且也回忆得又多又准确。被试者对未完成工作的回忆量平均为68%，而对已完成工作的回忆量平均为43%。这就是心理学史上著名的“蔡加尼克效应”。1927年蔡加尼克在德国《心理学研究》上，发表了她的实验报告，她自己对该实验的解释是：“当被试者接受一项工作时，内心便产生一种完成这项工作的准需求，完成工作便意味着解除心理紧张，或使准需求得到满足；如果未完成工作，紧张状态继续存在，准需求有待实现。中途受阻未完成工作的被试者，之所以在回忆工作时占优势，一定与这些继续存在的准需求有关……所以，回忆便可作为鉴定紧张系统存在的一种指标。”这种记忆现象被称之为蔡加尼克效应。

10. 你可以记得更快、更牢

锻炼记忆力是有技巧的，锻炼记忆力也是一种艺术，而且必须从头学起。一旦你掌握了基本的技巧，你就会马上意识到这些技巧有多么实用，多么神奇。

首先，你要了解惊人记忆力的秘诀在于强大的“最初记忆力”，这一点很重要。倘若有人说自己忘记了做什么事，这说明他最初根本就没有记住。而最初没有记住的事情，就谈不上会“忘记”了。你大脑中任何第一时间就能记住的事情都会很容易回忆起来，也不可能会忘记。

这就是所说的“最初记忆力”的意思。锻炼“最初记忆力”就是迫使你大脑中接收的信息第一时间就能在脑海中扎根，你就可以在第一时间记住听到、看到或读到的信息。

对于所有人来说，无论大脑接收过记忆训练还是没有接受过，有一条规则都同样适用，那就是：如果想要记住任何新信息，就必须使这条信息与你已经知道或记住的信息联系起来。联系与记忆紧密相关，指的就是将两种或两种以上的事物捆绑在一起，或者在它们之间建立起关系。

这条规则便是记忆的关键所在，是记忆力的基础。其实人的一生都在使用联系这个方法去记忆，记忆才会存在。你记住的每一件事，其实都已经将它与其他一些事物进行了联系。例如：“意大利与靴子”“高音谱号与‘好男孩都乖’的口诀”。如果你听到或看到一些事物后会情不自禁地说出“哦，这件事让我想起来”……之类的话时，你就正在使用联系的方法。每一件事都与另一件事有着这样或那样的联系，这就是为什么它会让你“想起来”的原因。

不过问题是，你的大脑进行联系的整个过程都是在无意识的状态下进行的，都没有想到或意识到它，更不用说去控制它。不过从现在开始，你的目标就是要有意识地将你想要记住的信息与其他能够提醒你想起它的信息联系起来。整个过程都要有意识地去联想，要有自己的控制力，争取可以自主控制整个联想的过程。而“链接与固定”记忆法就能帮助你实现这个目标。

一般说来，与含义比较具体的信息相比，抽象、模糊、意思不具体的信息记忆起来要难得多。而“词语代替”记忆法就会使你大脑中的这些抽象信息变得有棱有角，含义变得具体，形象也会变得生动活泼起来。这样这个问题就解决了。

“链接与固定”法、“词语代替”法等都是你日后会用到的有效记忆法。使用这些方法，你肯定会轻而易举地记住课本上的内容。与你以前死记硬背的方法相比，你会飞速般完成自己的作业或工作，体验展翅翱翔般的感觉。

要想学会“聪明”地记忆，你必须首先学会“链接与固定”记忆法。我们会教你一些“小窍门”来掌握这个记忆法，在你学习和练习的过程中，你将会知道怎样将这个方法应用到学习当中去，只是应用之前要先学会一些基础方法和技巧，然后再加以实践，我们保证你会在很短的时间内实现这一切。

学习过基础方法和技巧后，你可能会迫切地想向家人和朋友们展示你的学习成果。这样做没有什么不妥，你可以尽情地展示，展示的过程也是一种很好的练习。把这个过程当作一种游戏吧，看看你学习这些技巧方法后到底能记住多少知识和信息。以一种轻松和愉悦的心态去学习，因为这个过程的确非常有趣!

根据一些参考书上的记载，日本富士山的高度为 12365 英尺。为了记住这个数字，可以把富士山想象成由数以万计的日历牌组成，因为日历牌会提醒你一年有 12 个月，一共有 365 天，这样你就想起了 12365 这个数字。

上面这样的记忆法的确会对你有所帮助，但应用起来都有一定的局限性，它们只适用于或只能应用于特定的事物，我们的目的是让你能够联想起、记住任何学到的知识和信息。下面你会学到一些在内容和范围上都没有局限的记忆法，它们可以在任何时间、任何情况下应用于记忆任何种类的信息。

◎ 多咀嚼能增记忆力

科学证明：人的咀嚼是能有效防止记忆衰退的方法之一。有人认为，其原因在于咀嚼能使人放松，如果老人咀嚼得少，其血液中的荷尔蒙就相当高，足以造成短期记忆力衰退。如我们在观察人群时就会发现，经常咀嚼的人牙齿好，吃饭更香，学习能力和记忆能力也随之增强。又如，美国人最爱咀嚼口香糖就是例证。

第二章
记忆基础：好记性必须有的素养

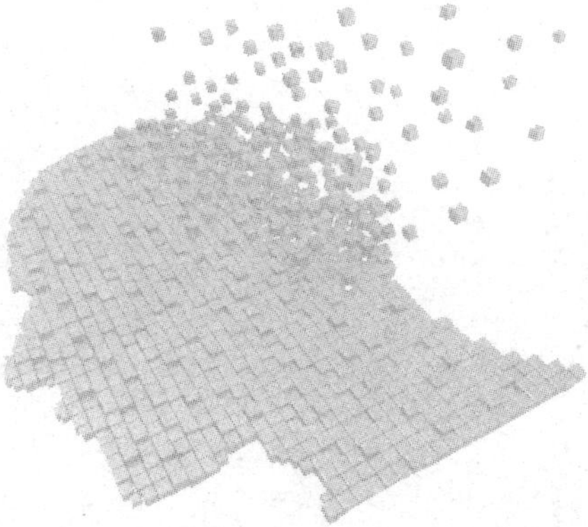

1. 动机是影响记忆的一个重要因素

动机是记忆的动力。无论事情大小，只要有记忆的动机，注意力就会格外集中，记忆就会长久。也就是说，人的记忆的目的和记忆效果有着密切的关系，目的越明确、越具体，记忆的效果就越好。

著名的精神分析学之父弗洛伊德坚持这样的观点：要想记住一件事，必须是个有心人。他认为，人们所记忆的事物，应该是自己要记住的；人们所遗忘的事物，应该是自己要遗忘的。他说："动机是所有记忆和忘却的基础。"

弗洛伊德自己也曾有过一段这样的经历：有好长一段时间，他一直记不起一位女患者的名字。后来，他终于找到了原因。原来，这位女患者曾患有恶性胃溃疡，而弗洛伊德却错诊为神精失常。这次误诊大大挫伤了弗洛伊德的自尊心，使得他在潜意识当中想忘掉这不光彩的一页，于是就在不知不觉中忘记了这位女患者的名字。

可见，动机不同，记忆的效果也会大不相同。例如在平时，我们被介绍与某人的两三位朋友认识，往往不到几分钟，就已把他们的姓名忘得一干二净。这是因为我们一开始就没有记忆的动机。如果你的确需要记忆，当没有听清楚别人介绍姓名时，应该非问明白不可。这时，对方往往会因为你这样注意他，而感到格外高兴地回答你，同时你也可以因为集中注意力而记住他的姓名，得到了确切的印象。

因此，在记忆之前，明确记忆的动机是十分必要的，如果你事先不想记住某件事，就不可能对这件事产生足够的注意力。这就像有些事物你虽然看到过，但没想到以后还要提到它，所以你就不容易回想起来。例如你每天回家时都要上楼去，但你能说出一共有多少级楼梯吗？

由此我们可以得出这样一个结论：你记不住，并不能证明你的记忆力不佳，这主要是你没有记忆的动机。你借了5元钱给别人，可能很快便忘记了；但你借了500元钱给别人时，恐怕你就不会那么容易忘记。这是因为你有了记住这件事的动机。

记忆的动机出于各种不同的需要，也出于各种不同的兴趣。有这样的人，他可能忘记了约会，忘记了孩子，忘记生活中的许多琐事，但对于他本行的公式、定律、数据却记得一清二楚。

我们来看一下爱迪生的例子：1871年的圣诞节，爱迪生刚参加完自己的婚礼，突然想出个解决当时还没有试验成功的自动电报机问题症结的点子，便悄声地对新娘玛丽说："亲爱的，我有点要紧事到厂里去一趟，我今晚一定回来陪你吃饭。"

新娘一听，心里不大乐意，但一看到他那副紧张的样子，只得无可奈何地把头点了点。他这一去，一直到晚上也不见人影。

直到将近半夜时分，有人去找爱迪生，见厂里点着灯，隐隐约约有人影在晃动着。进去一看，爱迪生正在那儿聚精会神地干活。

来人不禁脱口而出："你这个新郎，原来躲在这儿，害得我们找得好苦呀！"

爱迪生恍如大梦初醒，忙问："什么时间了？""有12点啦！"

爱迪生大吃一惊，立即飞也似地直奔回家，一路上边跑边叫："糟糕！我忘记了！今晚要陪玛丽吃晚饭哩。"

爱迪生为什么会把如此重要的事情都忘了呢？问题就出现在"重现"这个阶段上。尽管他有记忆的动机，但由于对某一部分接受过强，而对另一部分就相对减弱了，以致忘记了自己的新婚之夜。

有意识的记忆可以使记忆的时间保持得长一些。初次见面的人及其服饰、在电话簿上查到的电话号码等，一般说来人们是很少有意识地去记的，因此就是当时记住了，过后也就遗忘了。

像这样的记忆叫做短暂记忆。这种记忆当然与自己的意识有关。与此相反，如过了很长时间仍能取出来的记忆，就叫长期记忆。

心理学家英斯帕令曾对短暂记忆究竟能保持多长时间做过试验。他把无意义的12个数字，让试验者看半秒，然后请试验者说出来，结果试验者只说出了4个。他又把数字增加到十四五个，结果试验者还是只记住4个。把数字减到10个，然后是8个，试验结果仍然相同。

这说明，不管在半秒之内，被试验者的头脑多么敏捷，也许他能把全部数字在那一瞬间都记住了，但一下子又忘得只剩4个了。

心理学家彼得逊教授还做过这样的试验：他选了两班学生，

把一件事情同时告诉学生，并要他们记忆。他对第一个班的学生说：两小时以后要来一个测验；对第二个班则说测验放在两周以后。

两个小时后，他让两个班一同参加测验，结果第二个班的成绩不及第一个班。两周以后再测一次，这回第一个班又不如第二个班了。

可见，时间对记忆力有影响。这启发了我们：不要随便更改计划，把一件事提前或推后进行，这样效果很可能就不及按原定计划的时间去做好。总之，你要记住：无论事情大小，只要有记忆的动机，注意力就会格外集中，记忆就会长久。

2. 有兴趣才会有好的记忆力

对于一个急需提高记忆力的人来说，如何培养和提高记忆的兴趣是非常关键的。著名文学家歌德就说过：“哪里没有兴趣，哪里就没有记忆。”伟大的科学家爱因斯坦也在他的自传中回忆自己学习小提琴的经历时说：“我渴望着把异常优美的乐曲表达出来，就逼着自己提高演奏的技巧，对于那些枯燥的乐谱也就容易记住了。我认为，对一切来说，只有‘热爱’才是最好的老师，它永远胜过责任感。”

那么，究竟什么是兴趣？为什么兴趣会对人的成功记忆产生如此重大的影响呢？

所谓兴趣，是指人们对某种事物的特殊喜好，它能够引导人们去积极探究某种事物，它和人们的需要密切相关。可以说，兴趣是记忆活动中一个很重要的因素。

心理学研究表明，在其他条件相同的情况下，凡是能够引起人们兴趣的事物，就容易被人们记住，而且能够保持很长的时间。相反，凡是人们厌烦的事情、讨厌的东西，就不容易保存在人们的记忆中。

有一位儿童心理学家做过一次实验，他让100名儿童回忆他们听说过的有趣的故事和无趣的故事，结果，这些儿童绝大多数都能够记住有趣的故事，而无趣的故事大多数都忘记了。

这也许和我们每个人的体验相类似，例如我们对于自己成功的体验往往记忆非常深刻，而对那些令自己不快的感觉在内心当中总是不自觉地希望将其忘记。

针对兴趣的这一特征，一位教育心理学家指出："有助于在学生的记忆中巩固教材的一些条件中，占有一定地位的是对所掌握的知识发生兴趣。教育心理学教师的观察证明了，如果对课程的内容发生兴趣，只要付出很小的努力，那么材料巩固得就比材料没有触动学生、使其无动于衷的时候，要持久得多。"

怎样培养你的"兴趣"呢？以下为你提供了几种方法：

（1）让无意义的记忆材料变得有趣起来

对于那些没有多大兴趣的记忆事物，应该尽量使其趣味化。让记忆对象有趣起来的最佳手段莫过于进行巧妙的联想与有创见的想象。

（2）将需要记忆的内容编入感兴趣的事情之中

结合着感兴趣的事情，原本很生疏的词语会一下子变得生动活泼起来，在人的记忆中也能保持长久。例如，儿歌因其押韵、朗朗上口，很容易记忆。教小孩在学习英语单词时，可以把它们编成儿歌，增强孩子的记忆兴趣。例如，“自行车是 bike，前加 motor 变摩托，car 和 bus，乘客坐，truck 专门来运货。”他们一边玩一边念儿歌，反复几次，就把自行车、摩托车、轿车、公共汽车和卡车 5 个英语单词记住了。

实践表明，量少的材料便于整体记忆，量多的材料分段记忆效果较好。如果对数量少的材料采用形象化、色彩化、动态化的手段，使其变抽象为直观，变呆板为形象，便会大大提升记忆效果。例如用谐音、方言等记忆方式，可以使记忆材料趣味化，从而提高记忆的效果。另外将学习中要记忆的内容变换形式，例如采用交谈、讨论、辩论、竞赛等方式，就可以使原本枯燥的记忆内容变得令人感兴趣。

（3）将记忆内容寓于美妙的音乐之中

据研究，音乐播放的声波能够改变人的脑波运动。一旦人体的自我律动与乐曲合拍产生共鸣时，就能激活大脑储存的多种信息。在这种舒畅和谐的美感中，人的记忆会得到深化和超越。人的大脑最容易吸收美好的旋律。

所以，对于记忆来说也是如此，如果你能够充分发挥兴趣的巨大潜力，那么你也可以成为一名出色的记忆能手。

3. 提高注意力才能提高记忆效果

注意力是一个唯一的门户，只有经过这个门户，外在世界的印象，才能在心里引起感觉。只有关注正在发生的一切，我们才能清楚地认识我们现在这个世界。

通常，我们对眼前的事情注意得不那么密切。其实，真正的记忆术就是"注意术"，因此有人把这看成万世不变的记忆法则，这是有道理的。从某种意义上来讲，注意和记忆之间的关系非常重要，没有注意就没有记忆。

所谓注意，就是心理活动对一定事物的指向和集中，或者是集中精神注意事物和行为，把它们固定于意识之中。因此注意力越强，印象便越深刻。我们之所以会很快地把见到的、听到的、感到的东西忘掉，就是因为没有对它们给予必要的注意。

心理学认为，注意不是一种独立的心理过程，但它是一切心理过程都必须具有的一种特征。许多心理学家在谈到"注意"这个问题时，总是会引用下面这段话："注意是一个唯一的门户，只有经过这个门户，外在世界的印象，或者较为挨近的神经肌体的状况，才能在心里引起感觉来。如果印象不把我们的注意力集中到它身上，那么，虽然它也可能影响我们的肌体，但是我们是不会注意到这些影响的。"可见，注意和记忆之间的关系是不言而喻的。

美国密歇根大学心理学和神经学科学家做了一个实验。

实验中，研究人员让志愿者在同一时间处理两个或两个以上问题，比如一边做数学运算一边辨认图形。

结果发现，大脑在两项任务间转换大大降低了工作效率，同时从事两项工作所用时间比做完一件再做下一件所用的时间多出50%。

在另一项实验中，研究人员一边让志愿者听复杂的句子，一边让他们辨认几何图形。而这两项任务由大脑的不同部位处理。

研究人员发现，在同时处理两项任务时，大脑的两个部位都不能进入最佳状态。

这说明，人的大脑只有在持续不间断地处理一件事务的时候才能发挥最佳功能，也就是说只有在“专心致志”的时候，做事效率才是最高的。

当然，大脑的这种工作模式并不意味着人们不具备同时处理多项工作的能力，只是当人们这么做时，效率和准确率都会下降。

而且有时候，一心二用还会带来危险。比如，开车时，无论喝水、听音乐、梳头还是打电话都会带来危险。

一个人是否能专心致志地做一件事，时刻保持注意力集中，对学习、工作、生活来说都是非常重要的，这也是一个人一生必备的良好习惯。

培养记忆力，就要求我们应该学会通过各种方法来培养自己专心致志的注意力习惯。我们总结出以下培养“专心致志的注意力”的几点规律和要求：

（1）消除学习中的干扰因素

虽然有意注意的产生和保持，即使在有干扰的情况下也是可能的，但干扰毕竟不利于注意力的坚持。

对注意的干扰可能是外界的刺激物，如分散注意的无关声音和光线等；也可能是肌体的某些状态，如疾病、疲倦等；或者是一些无关的思想和情绪等。

为了坚持对某一对象的注意，应设法采取措施，消除与学习或其他任务无关的干优。例如，学习的场所应固定，并将学习用具配备齐全，同时将那些无关的刺激物去掉，创造舒适的学习环境。保持环境的安静，降低干扰声音的强度；提醒注意学习和工作的姿势，遵守作息时间，保证足够的睡眠和旺盛的精力。

（2）加深对学习任务的理解，用责任心约束注意力

注意力是服从于学习任务的。我们如果对于任务的重大意义理解得越清楚、越深刻，完成任务的愿望就越强烈，那么为完成任务所必需的一切就越能引起有意注意。

（3）引发学习兴趣，特别是稳定的间接兴趣的作用

在有意注意中，注意和兴趣的关系往往是间接的，人对于活动的直接结果可能没有兴趣，但对于活动的最后结果却有很大的兴趣。

这种间接的兴趣，即关于结果的兴趣，几乎存在于自觉进行的每一种活动中。这种间接兴趣越稳定，就越能对活动的对象产生有意注意。

（4）培养严肃认真、一丝不苟的作风

如果养成了严肃认真、一丝不苟的作风，那么我们在学习时就能集中注意于学习的对象上；相反，一个人如果总是马马虎虎、粗心大意，那么他在学习中就不能集中注意力，往往是东张西望、左顾右盼，或者稀里糊涂、敷衍塞责。

（5）培养多种熟练的技能和技巧

有了多种技能和技巧，学习起来就能应付自如、心情舒畅，尝到成功的喜悦，注意力自然集中起来；相反，没有熟练的技能和技巧，学习起来就困难重重，尝不到成功的喜悦，便容易自暴自弃、更换目标，注意力也就无法集中。

因此，要想提高注意力，必须培养多种熟练的技能和技巧。

4. 发挥想象力就能增长记忆力

在记忆中，经常会碰到这样的情况：由于某样要记的东西没有任何实际的内容，既谈不上理解，也没有什么兴趣，那就只有靠死记硬背了，如电话号码、某个难读的地名译音。而死记硬背的效果是有限的。这时，你不妨运用一下联想。

想象力无须合乎情理与逻辑，哪怕是牵强附会，对你的记忆只要有作用，都可以进行。比如你要记住你所遇到的某人的名字，就可用此法。

爱迪生的朋友在电话中告诉他电话号码是24361，爱迪生立刻说：记住了。原来他发现这是由2打加19^2组成的，所以一下子就记住了。当然这种联想要有广博的知识作为基础。

想象力是根据空间或时间上的相近事物，容易在人们的经验中形成联想来进行的。有时也利用同音、近音、同义、近义等语言的特点来进行。

如果能够充分发挥你的想象力，那么你在记忆的时候就会收到极大的功效。具体来说，想象力具有以下几个作用：

首先，想象力是促进人的心理活动更加丰富和深刻的重要一环，它不仅有助于人们更广阔地认识世界，而且可以更有效地改造世界。

其次，想象力可以促进人们进行各种创造性的活动，为人们创造新的世界打下必要的基础。

此外，想象力对人的日常生活也有很大的影响，积极的想象力可以使人化压力为动力，而消极的想象力只会使人更加悲观失望。所以我们要尽可能地发挥积极的想象力的作用。

如果记忆的对象比较抽象，你不妨多花些工夫，先把它们转化为具体的形象。例如要记工业种类，其中有冶金业、锌和铅工业、陶器工业、玻璃制造业……你先把冶金业想象成一座火炉，锌自然是一个电池了，铅则可想象成一个运动员用的铅球，然后是陶坛（陶器工业）、杯子（玻璃制造业）等。接着你便可以开始让你的想象驰骋了：高炉产生了一个个电池，装在手电筒中照着一个人推铅球，铅球一掷，击碎了前面两个陶坛及杯子……

不要怕建立大胆的、甚至是愚蠢的联想，更不要怕有人因此会感到惊讶，重要的是这些形象在脑中要清清楚楚。尽力把动的图像与不同的事物联结起来。如果能经常这样运用，你就会大大增强记忆力的。

比联想更进一步的，是发展想象力。想象力不但可以使我们记忆的知识充分调动起来，进行融会、综合，产生新的思维活动，而且可以反过来使原来的知识记忆得更牢固。

那么，怎样提高想象力呢？

（1）培养进行违背常理的有效联想的能力

在古埃及文献《阿德·海莱谬》中曾经有过违背常理的事情容易记忆且能长期记忆的记载。文中说，对于那些每天所见到的琐碎的、司空见惯的小事，我们是记不住的，但是对那些不管是听到还是见到的稀奇的、低级趣味的、丑恶的或者惊人的事件，却能长期记忆。换句话说，那些用相同的目光所看到的平常的、司空见惯的事物很容易从我们的记忆中漏掉，而一反常态、违背常理的事情，却能让我们永远铭记不忘。

我们举个例子：当把“卡车”与“可乐”作为联想对象进行记忆时，通常大家会这样想象——满载着可乐的卡车在公路上急速地行驶。但是事实证明，这种想象留下的印象并不深，并不能让我们长久地记忆。可是，如果换成另外一种方法，设想“超级大卡车拉着可乐在飞驰”，或者“可乐瓶上装着轮胎，自己在像卡车一样飞跑”的话，效果就不一样了。尽管这样想象不合逻辑，但却产生了神奇的记忆效果。

这个例子，可以充分证明，与正常的、自然发生的事情留下的印象相比，不合乎逻辑的事，给人的印象相对较深，持续的时间也比较长。

（2）卡片形象联想能力训练法

要想使违背常理、不合逻辑的联想能大量地在脑海里浮现，就必须拥有足够灵活的大脑。通常情况下，精神比较轻松的状态下，大脑显得比较灵活，想象力和创造力也非常活跃。所以，老师们应该在学生精神轻松时，对他们进行开发训练。而使用卡片进行基本的联想练习，是一种非常有效果的方法。

具体方法为：首先，预备50张卡片，在正面写上各种字词。然后，把卡片翻过来，像玩扑克牌似地打乱顺序，然后再从这些卡片中任意抽出两张，成为一组。

刚开始训练时，先抽十组就可以了。然后，把其中的一组翻过来并且在两张卡片中间进行形象联想，想好之后再扣回去。待十组全部联想完毕，看着每组中一张卡片上的字，去回忆联想另外扣着的那张卡片上的字。如果回忆正确了，就把那张卡片放在一边；如果没说正确，就重新进行联想记忆。这样，时间一长，回忆正确的卡片数量就会越来越多。

开始联想时，最好选一些比较常用的、常见的动物名称或者物品等容易构成具体形象的字词。等练习了一段时间，有了一定进步时，再联想那些抽象的想不出具体形象的词语、事物。当然，如果不经常变换卡片内容，就会只记住一小部分词，这样做也是没有意义的。所以，训练时，最好从课本上抽选字词，这样就能获得一箭双雕的效果。

这种练习，如果两人一起做，效果会更显著。

进行形象联想的基本训练时，最主要的是要掌握规律。这样，任何词的形象就能迅速浮现出来了。此外，联想一定要大胆，越能描绘出大胆、奇特形象的人，想象力就越丰富。

（3）培养防止健忘的联想能力

在现实中，常常会有这种情形，比如你要外出，刚上公共汽车，忽然担心家里的电视是否关上了。可是，绞尽脑汁想了半天，却什么都想不起来了，只好再次返回去看看。

其实，这种健忘的现象，不是真的健忘，而是因平时无意识的行动引起的，是因为根本就没有进行有意识地记忆。其实，防止遗忘，最好的方法就是准确认识事物。而清楚地认识和记忆事物的最有效方法，就是联想。

因为联想是有意识的，只有对事物的认真观察和认识，才能在头脑里刻上事物的最初痕迹，才能在任何时候都能通过联想而回忆起来。比如在前面我们讲的那个小例子中，离开家时，如果你想的是电视关了，可以做拔电源的联想。于是，想起电源关了，当时的情景就会回忆起来，就能确认电视已经关了。

养成这种联想习惯，不仅能提高记忆力，还有助于提高观察力、想象力、集中力甚至创造力。

有了较强的联想能力，才有可能得心应手地运用“联想”记忆法提高自己的记忆能力。

一位小学教师在教学生“指南针”时，不是简单地问：“指南针有什么用？”因为这只需一句话就答完了。而是问：“你们知道什么人、在哪儿用指南针？”这一问，就打开了学生联想的闸门。他们从大海想到天空，从高山想到森林，从飞行员想到潜水员，从勘探队员想到旅行家。通过联想扩展了思路，收到良好的记忆效果。有时某些抽象的名词，如世界、国家之类的词，怎么向孩子们解释并让他们记牢呢？

著名儿童教育家菲特尔教授是这样讲的：“我从自己住的地方讲起，左右邻居一长排的房子形成街道，把许多街道合起来叫区，把许多区合起来叫县或市，把许多县或市合起来叫省，把许多省合起来叫国家，把现在各地的国家合起来叫世界。”看！他利用想象力不仅帮助学生记牢，而且帮助学生加深了对抽象概念的理解。

想象力为什么能起作用呢？在世界上，客观事物有着千丝万缕的联系。有的表现为从属关系，有的表现为因果关系。把反映事物间的那种联系，把在空间或时间上接近的事物，及在性质上相似的事物和人们已有的知识经验联系起来，是增强记忆的好方法。从记忆的生理机能看，联想能有效地建立脑细胞之间的触突联系，有助于记忆网络的形成，这样不但可以长期保持，也容易再现。所以，请你记住：要用想象力编织记忆之网。

5. 回忆对于记忆而言必不可少

我国古代教育家孔子提倡：“学而时习之。”人脑不像电脑，很难只学一次就能记住。我们学过的东西如果不反复练习、应用或复习，很快就会忘记。采用有效的复习策略，是提高记忆的最好办法之一。

德国心理学家艾宾浩斯以自己为例进行实验，他本来记住了13个毫无意义的音节，1小时后，只记住了44%，遗忘了56%；两天以后，只记住了记忆材料的28%，遗忘了72%。但是，在这以后，他遗忘的内容就不多了。后来的科学家还指出：

（1）如果等记忆的内容完全忘记以后，再重新记忆，不如在记忆还没有模糊时，及时复习，加以强化。

（2）在学习记忆9小时之内，趁大脑中还有记忆痕迹时，重复练习，虽然只花10分钟的时间，却比5天以后用1小时复习效果要好得多。

（3）但是，在刚记忆不久（半小时到1小时）遗忘率尚不高时，就重复地复习，是没有什么意义的。

英语课上，同学们学会并记住了20个单词，甲同学当天晚上用10分钟复习，第二天早晨又用了10分钟复习，晚上仍用5分钟复习巩固。

乙同学就不然了，他在英语课上也学会并记住了那20个单词，当堂反馈测验，他跟甲同学一样得了满分。但是，他当天晚上没来得及复习，第二天早晨、晚上，忙着做数学题了，也没顾及复习英语。第三天清早，他一下子用了25分钟复习那些单词。第五天，老师又进行测验，甲同学得分明显高于乙同学，原因是甲同学遵循了复习的及时性原则。

研究艾宾浩斯遗忘率曲线，并细心地进行多次实验，找到自己遗忘的大致曲线，然后根据不同的记忆内容，确定复习的最佳时间，是一种良好的、以回忆助记忆的方法。

有的人说，在最佳复习时间，分段认真复习8次，就成为永久性记忆了。但有些生动、形象的知识点，复习一两次就经年不忘，个别极抽象的概念，分段复习10次，半年不用，也还会忘。

关于这一点，年轻时的郑板桥给我们做了实验并证明是完全有效的。郑板桥小时候家里很穷，直到考中秀才方离开家乡兴化，到扬州学府上学。本来他对自己抱有很大的信心，谁知扬州学府的学官为人十分势利，见到有钱有势的公子就笑脸相迎，遇到穷秀才给他行礼作揖，就横着一双白眼理也不理。郑板桥很看不惯，便想了一个办法来教训他。

一天早上，学官骑着毛驴从学府东边的文昌桥过来。郑板桥见了立刻从老远的地方迎了上去，招呼道："老师早！"说完又深深地鞠了一躬。没等学官说话，他的驴子突然后蹄打蹶，把干瘦的老学官摔在了地上。学官不好责怪郑板桥，只得爬起身来捂着屁股咒骂道："这头该死的蠢驴！"

第二天，郑板桥又像昨天一样来迎接学官，给他行礼请安，驴子在这个时候又犯了同样的毛病，学官又被摔了个大跟头。

第三天，学官不走文昌桥了，故意绕到学府北边，想躲开郑板桥。谁知郑板桥早就在那里等他了，又是一躬身说："老师早！"学官大喊一声："不好！"应声从驴背上栽了下来。学官趴在地上望着郑板桥，心想："这个人将来肯定是福大命大，要不我怎么受不起他的一拜啊？"学官爬起来后郑重宣布："从今日起，你不必对我行礼了！"难道，郑板桥真的是"命大福大"吗？

其实不是。学官每天骑毛驴到学府后，都会把驴子拴在一棵树上。郑板桥在四周没人的时候便悄悄来到驴子面前，先给它作揖，然后到驴子身后猛踢它一脚，接着就飞快地闪到一边去。驴子被踢痛了。自然抬起后腿朝后猛踢。接连好多天，驴子慢慢养成了习惯，只要看到郑板桥在它面前作揖，没等自己的屁股挨踢，就尥起了后蹄，学官也因此吃到了苦头。

驴子一见到郑板桥作揖就会飞起后蹄，主要原因是驴子对挨踢留有印象，怕再次被踢，所以才会有尥蹶子的生理反应。这种方法就是回忆记忆法。对于提高个人的记忆能力有很大帮助。

如果你希望锻炼自己的情景记忆能力，可以从以下几个方面入手：

首先，在记忆某些事物的时候，最好同时记住当时的情境。需要记忆的东西会因时间的推移而逐渐被遗忘，为了加深记忆，使事物不被遗忘，最好的办法就是回忆一下当时的情景是怎么样的。例如，老师所讲的某一堂课的内容你可能已经遗忘了，可是你清楚地记得老师当时讲过非常有意思的笑话，那么即使过了很长时间，当你身边有人讲起那个笑话时，你还是能很容易地回忆起当时课堂上的情景。

其次，要记住最有特色的地方。不同的人和事都有各自的特点，这不仅是它们与众不同的关键因素，也是我们借由记忆区分同类事物的法宝。因此，在进行记忆的时候，一定要记住人或事物最有特色的地方。例如，在看《西游记》的时候，最容易记的形象是猪八戒，因为他的形象非常有特点，性格也很有特色。

对于记忆而言，尤其是要保持长期的记忆就必须遵循遗忘规律。结合自身的条件制定相应的对策、反复回忆，就可以让记忆永不褪色。回忆对于记忆必不可少，这就是古人告诫我们“学而时习之”的主要原因。

6. 了解3种有效的记忆法

除了最基础的形象记忆法之外，我们还可以动用积极的思维，全面调动大脑的各种优势力量，帮助记忆顺利进行。下面是 3 种有效的记忆法，可以帮助我们在学习过程中更加快速有效地记忆知识。

（1）串联记忆法

美国学者哈里•劳莱发明了串联记忆法。他举例说，有 10 件毫不相干的东西：地毯、纸、瓶子、床、鱼、椅子、窗子、电话、香烟、钉子，仅需要在相当短的时间里就可以把它们牢牢记住。如果一件件地硬记，那是不容易的，但在脑海里展开一幅图像，首先把你曾见过的地毯记住，然后把地毯和纸串联在一起，可以把地毯想象为纸做的，这张纸是从瓶子里倒出来的，你躺在一个巨大的瓶子上把它当成床，这时看到了一条鱼，你去钓鱼，结果偏偏钓起一把椅子，你一赌气把椅子抛到了窗外，这时电话铃响了，你一边接电话，一边想拿支烟吸，慌乱之中你拿起的不是香烟，而是一枚钉子……像这样把 10 件东西有趣地串联在一起，相对而言就容易记忆了。

我们在日常的学习生活当中常常会有这样的体会，孤立地记一个字词、一个人物、年代、事件和物品往往难以记住，但把它和其他有关、特别是有趣的事物串联起来就比较容易记。

举例而言，如识记人名时，把要识记的姓名同已经熟记的姓名串联在一起，或者把需要识记的姓名同其职业、外貌特征、初次见面地点串联起来，或者把要识记姓名的字义相互串联起来，形成趣味性质的想象记忆，就会获得好的效果，收到事半功倍的效果。

（2）理解记忆法

其实，记忆的技巧归根结底还是要以理解为基础。

美国教育家布鲁纳曾以12岁的3组儿童记忆30对配对词进行实验。这个实验对甲组只要求记住就可以，对乙组和丙组则要求利用中介词语把配对词联系起来识记，其中乙组的中介词由教师讲解，丙组的中介词完全由学生自行研究，设法找出来。实验的结果非常令人吃惊，当教师给出第一个词语而要求学生联想起第二个词语时，甲组平均答出50%，乙丙组竟高达95%，其中丙组比乙组还要好些。这个例子深刻地说明依靠对知识的联系与理解记忆，特别是通过自己的努力获得对知识的理解和认知，要比机械地死记硬背效果好得多。

所谓理解就是抓住事物最本质的东西，获得规律性的认识。例如，识记78、71、64、57、50、43、36七个数字，若是一个一个地硬记很难记住，如果仔细研究一下，注意到这7个数字依降序排列，前一个数字比后一个数字多7，7个数字都是如此，即所谓等差数列，那么只要记住第一个数字或者最后一个数字，其他数字就很容易推算出来了。

前苏联教育家苏霍姆林斯基说：“你对问题考虑得越深入，你的记忆就越牢固。没有理解之时，不要试图去记忆，这会浪费时间。”理解就是掌握事物内在的、本质的、必然的联系。背诵诗文首先要理解诗文的内容、用词及结构特点；对于数学公式、法则、定理、推论与定律，首先要理解它的含义，搞清楚它的来源与推导过程及其性质与意义；识记历史年代、地理位置、人名、地名、门牌与电话号码等，也需要一定的理解再加上联想把识记对象同其他有关事物联系起来，掌握特点及其规律性。总之，先求理解，再求记忆，才能获得好的记忆效果。

（3）重点记忆法

一个人在最佳学习年龄中需要记忆的知识信息相当繁杂，而一个人的时间与精力是有限的，不可能把一切都牢牢记住，这就需要有重点的记忆、挑关键的记忆。在现代社会里，由于科学技术的发展，人们发明应用了许多可靠的记忆工具与手段，如书籍档案资料、笔记、录音录像、计算机、电脑等，它们可以把人们需要记忆的知识信息详尽地记录下来，在需要时随时再现。这就使人们无需把学过的所有知识信息一字不差地背诵记忆下来，只需要重点记忆，记忆其中要点即可。

1921年春，爱因斯坦携妻子到美国为犹太族青年创办一所大学募捐。当时有美国记者来见他，向他提出了许多问题，如“您记得声音的速度是多少吗？”“太阳的时空弯曲有多大？”等等，有的干脆直截了当地问他：“你认为如何记，才能记下许多枯燥内容？”爱因斯坦知道这些人在考查自己的记忆力，于是很愉快地回答道：“你们问我声音的速度是多少？现在我很难确切地回答你们，必须查查辞典，才能回答。因为我从来不硬记辞典上已经印有的东西。我的记忆力是用来记忆书本上还没有的那些东西。”接着他说：“我还在上学的时候，对于那种填鸭式的教育就非常不满意，譬如硬要学生死记那些事件、人名、公式等，其实要想知道那些东西，从书本上是可以翻到的，根本不用上什么大学。”

不搞包罗万象的死缠乱打，只做重点记忆，这是许多学者、科学家的共同主张。巴乌斯托夫斯基有句名言：“记忆，好像是一个神话里的筛子，筛去了垃圾，却保留了金沙。”所谓“筛”，就是分清主次分清重点、难点，记忆主要的东西，记忆重要的事物，而对于次要的东西、不重要的事则不必花费时间去记忆。

这 3 种方法要求你具备一定的思考、想象、分析能力，是记忆法的高级形式。如果你在学习过程中能够积极而有意识地培养自己的这几种能力，你就能做到快速记忆。

7. 注意生活细节增加记忆力

科学家的研究表明，乙酰胆碱（Ach）对许多脑神经元突触起化学递质的作用，通过用 Ach 作为递质，提高神经元的活动，可以增进记忆。为促进记忆，有人曾利用注射毒扁豆碱的方法来实现这一目标，因为毒扁豆碱能提高神经元突触处的 Ach 的效用。但是，到目前为止我们还不知道这种方法到底有多少实用价值。因而，心理学家和教育学家少有人把增进人类记忆的期望寄托在

"记忆药丸"或"记忆注射"上，所以，生活中我们还是应该注意用最实用的方法来提高自己的记忆力。

现在有很多人注意食物营养的搭配和治疗作用。研究表明，用食疗的方法可以延缓人们随着年龄的增长导致的记忆力的衰退和丧失。所以，平常生活中我们应该注意食物的摄入量和搭配，这样才能够为自己的记忆质量提供保障。下面是有助于我们提高记忆的几种食物，我们不妨在生活中注意这些食物的摄入量，以达到提高记忆力的目的。

第一种是牛奶。牛奶中富含蛋白质、钙，及大脑所必需的氨基酸。而牛奶中所含的钙是最易被人吸收并且也是脑代谢不可缺少的重要物质。此外，它还含有对神经细胞十分有益的维生素 B_1 等元素。所以，睡前喝一杯热牛奶有助于缓解脑神经疲劳，帮助入睡。

第二种是鸡蛋。实验证明，当蛋黄中所含丰富的卵磷脂被酶分解后，能产生出丰富的乙酰胆碱，而乙酰胆碱的含量与大脑活动功能、记忆力强弱有着很大的关系。当乙酰胆碱进入血液后又会很快到达脑组织中，就可以增强记忆力。国外研究证实，每天吃一两个鸡蛋就可以向机体供给足够的胆碱，对保护大脑，提高记忆力大有好处。

第三种是鱼类。鱼类可以向大脑提供优质的蛋白质和钙，而且，淡水鱼所含的脂肪酸多为不饱和脂肪酸，不会引起血管硬化，对脑动脉血管无危害，相反，还能保护脑血管，对大脑细胞活动有促进作用。芬兰的科学家研究证实，沙丁鱼含有大量的脂肪酸，所以，人类每周至少应该食用两次沙丁鱼。

第四种是味精。味精的主要成分是谷氨酸钠，它在胃酸的作用下可转化为谷氨酸。谷氨酸是参加人体脑代谢的唯一氨基酸，它能够促进智力发育，维持和改进大脑机能。对改善智力不足及记忆力障碍有很好的帮助。而且，味精会使脑内乙酰胆碱增加，因而对神经衰弱症也有一定的疗效。

第五种是花生。花生中富含卵磷脂和脑磷脂，这些都是神经系统所需要的重要物质，它们能延缓脑功能衰退，抑制血小板凝集，防止脑血栓形成，改善血液循环、增强记忆、延缓衰老，是名副其实的“长生果”。

第六种是小米。小米中所含的维生素 B_1 和 B_2 分别是大米的 1.5 倍和 1 倍，其蛋白质中含较多的色氨酸和蛋氨酸。吃小米有防止衰老的作用，还有益于大脑的保健。

第七种是玉米。玉米胚芽中富含亚油酸等多种不饱和脂肪酸，有保护脑血管和降血脂的作用。尤其是玉米中含水量谷氨酸较高，能帮助促进脑细胞代谢，常吃鲜玉米具有健脑作用。

第八种是黄花菜。人们常说，黄花菜是“忘忧草”，能“安神解郁”。为防止中毒，以干品和煮熟吃为好。

第九种是辣椒。辣椒是维生素 C 含量最高的一种蔬菜，胡萝卜素和维生素含量也很丰富。辣椒所含的辣椒碱能刺激味觉、增加食欲、促进大脑血液循环。

第十种是菠菜。菠菜虽廉价而不起眼，但它属健脑蔬菜。菠菜中含有丰富的维生素 A、C、B_1 和 B_2，是脑细胞代谢的“最佳供给者”之一。此外，它还含有大量叶绿素，这些叶绿素也具有健脑益智作用。

第十一种是菠萝。菠萝中含有很多维生素C和微量元素锰，而且热量少，常吃有生津、提神的作用，有人称它是能够提高记忆力的水果。

另外在补充营养的基础上我们还应该注意其他的增加记忆力的方法。比如按摩，用拇指和食指从上到下轻轻地按摩整个耳朵，用两只手的手指触摸位于发际和眉毛之间的两个穴位。这些方法会促进血液流动，消除记忆障碍和增强记忆力。同时还应该注意睡眠，因为，睡眠有助于恢复体力和脑力，并且有舒缓压力、增强记忆力的功效。打呵欠和伸懒腰也有助于我们的脑细胞活泼起来并恢复清醒状态。记忆力迟钝，而且不断发生错误时，就要打呵欠和伸懒腰，这将有利于你脑力的恢复，有助于记忆力的增强。另外，经常运动并多听一听莫扎特的奏鸣曲也有利于提高记忆力。

8. 远离记忆力误区

我们常常听到有人说，“我生来记忆力就不好”“年纪大了，健忘了”。这是由于学习用功过度，还是因为现代社会要求人们接受的信息太多了呢？影响记忆能力的心理因素是十分复杂的。可是，实际上几乎所有的人，都具有相当了不起的记忆力，而且，如果运用得法，这种记忆力能维持到年迈。所谓的难于记忆，只是我们自身存在着这样或那样的记忆误区，导致我们的记忆难以维持。

生活中不仅各种企业资料或情报，而且包括我们平时会见的人的姓名，都是记忆的内容。即使是不善于记忆数字和人名的人，无论是青年还是老年，对股票价格、电影明星、演员及棒球选手等等，却多具有惊人的记忆力。当他们谈论起这些话题时，往往是滔滔不绝、绘声绘色。

当然，记忆力也是因人而异，每个人之间各有差别。A 一次看到的事情可以准确无误地记住若干年；而 B 早晨听到的事，到晚上竟全忘光了。而且，上了年纪的人非常健忘，这是较为普遍的事实。所以，利用脑生理学和心理学研究的成果，使不同人从不同记忆力基础上进一步提高，或保持良好状态，是一个迫切的问题。

把整个脑器官都充分利用起来的人是没有的。普通人在日常生活中所使用的脑力，可以说只占全部脑机能的几十分之一或几百分之一。所谓“记忆法”，也只是为了把这几十分之一或几百分之一变成“之二”而已。所以只要有意识地、人为地训练大脑，保持连续性，理所当然，是可以防止脑子老化的。

日本善于有趣的魔术表演艺术的小寺幸作先生，是一位年近 90 岁的老人，他对具有高度记忆力的魔术表演的兴趣是从 60 岁开始的。现在他的拿手节目之多令人吃惊，以至一些颇有名望的魔术师也向他求教。

即使需要相当复杂的技巧表演，小寺幸作先生也能当场进行。特别是需要数学运算的节目，更是他的拿手好戏。利用熟练技术而表演的魔术，即使出现顺序差错，也可以用技术来弥补。可是在利用数量知识的魔术表演中，一个程序出现差错就根本不能继续表演了。也就是说，小寺幸作先生完整地记忆着表演节目的全部复杂程序。

可是，小寺先生并不具备天才的记忆力。其秘诀在于，他有一套独特的记忆整理技术程序并反复进行练习的方法。在各地研究会和讲演会上，他不断发表技术研究成果，因此到任何时候都能全部记住其内容。

因此，掌握规律是提高记忆力的最好方法。

任何事物都有自己的规律，要想提高记忆力，就必须抓住记忆对象的规律，只有如此，才能做到提纲挈领。以下就是一些具体的操作方法：

首先，分析记忆对象。任何事物的规律都不是呈现在表面的，需要经过分析加工才能显现出来。所以，当我们面对需要记忆的材料的时候，最好的办法就是从不同角度进行观察、分析，明确了解材料与材料之间的联系，并从大量纷繁复杂的材料中抽象出最本质的东西，得出统一的定理、法则、公式。如果只是浅尝辄止、一知半解，就不可能进行规律记忆。

其次，掌握自己的记忆规律。每个人都会有记忆效率高和记忆效率低的时间段，不同的时间段会取得不同的记忆效果。因此，记忆之前一定要先了解自己，在最好的时间段记忆，往往会取得较好的效果。

最后，学会理解。记忆的前提是理解，只有理解了记忆材料，才能更好地调动自己的大脑，使自己对记忆材料有更为深刻的印象。当然，这里的理解，就包括从记忆材料中总结出规律来。

大多数人不能很好地记忆，就是找不到记忆规律，或者心理上存在消极滞后的障碍。所以，在学习中，不要给自己加上一道“记忆力差”的心理暗示锁，要有一个积极的心理基础帮助记忆，并在此基础上积极寻找各种规律，记忆就不会再成为障碍。

◎ 能注意，才能记得

电梯操纵者把门关上，除了操纵者、助手和你外，还有 12 个人乘电梯。以下是每次停下时的出入人数记录：

出 2 人，入 3 人；

出 3 人，入 4 人；

出 8 人，入 6 人；

出 4 人，入 3 人；

出 6 人，入 12 人；

出 7 人，入 4 人。

问：电梯共停了多少次？

这下子可考住你了吧？你也许只顾记住出入电梯的人数，可就是没注意到简单的停梯次数，结果哑口无言。

可见，再简单的数字，你没有在意时，也会变得复杂起来。相反，再复杂的事物，只要有意识地去记忆，就会记住的。

第三章

记忆技术：增强记忆效果有方法

1. “歌诀”记忆法：顺口的更易记牢

歌诀记忆法，就是把需要记忆的知识点或者材料，编成口诀、“顺口溜”、歌谣或者合辙押韵的句子，通过歌诀激发记忆兴趣，达到提高记忆效果。

这种记忆法，融知识性与趣味性于一体，使要记忆的知识或者材料，不仅读起来琅琅上口，而且利记易诵。所以说，这种记忆法是一种变枯燥为趣味、轻松有效的记忆方法。

歌诀记忆法简化了复杂的识记材料，缩小了记忆对象的绝对数量，增强了某些零散、少联系甚至无联系的识记材料之间的关联性，并且通过排列组合，使某些零散的无规则的识记材料变得有了整体性，使本来只能用机械方法记忆的内容发生了独特的变化，甚至可以进行理解记忆了，而编写出来的歌诀的趣味性都比较强，很容易诵读、方便记忆。

在实际应用中，歌诀记忆法对学生而言最有用处，各个学科，比如历史、地理、英语等文科，物理、化学、数学、生物等理科的某些知识点，也都可以采用这种记忆模式。尤其是历史和地理，如果采用歌诀记忆法，记起那些繁多的年代、事件、人物、地理位置、气候条件、地形地貌等，就简单多了。例如，如果把这些历史内容，想办法编成歌诀，就会使不同的年代、事件都有一个独一无二的“面貌”，这样记起来就有趣得多了，也更加容易了。

比如我国“历代农民起义”大大小小几十起，光靠机械记忆，根本就记不住。可是，通过下面的歌诀进行记忆，恐怕就容易得多了：

陈胜吴广揭竿起，刘邦项羽诛暴秦。

绿林赤眉灭新莽，黄巾起义反东汉。

隋炀帝，施暴政，群雄聚义在瓦岗。

黄王起兵为百姓，冲天将军入长安。

元末义军裹红巾，改朝换代朱元璋。

李自成，进北京，崇祯吊死万岁山。

洪杨率领太平军，攻占南京作天京。

坚持反清十四年，中外敌人梦魂惊。

这首歌诀不仅便于记忆，还各有侧重地把一些重要起义的特色、主要活动范围、重大功绩、坚持斗争的时间等等，都勾勒了出来。而且在记忆时，这首歌诀合辙押韵、琅琅上口、生动轻松，让人久久难忘，甚至一辈子都不会忘记。

如果说历史课由于朝代频频更换，历史事件频出，还有一些故事性、趣味性的话，理科比较起来就显得枯燥无味得多了。这时，歌诀记忆法就更凸显出自己的优势。

例如，化学中托盘天平的使用，可以这样记忆：

螺丝游码刻度尺，指针标尺有托盘。

调节螺丝达平衡，物码分居左右边。

取码需用镊子夹，先大后小记心间。

药品不能直接放，称量完毕要复原。

这样一来，短短的八句话就把托盘天平的主要构件、使用方法和注意事项，明明白白地说清楚了。

再如，对氢气还原氧化铜这个非常重要的实验，可以这样记忆：

氢气检纯试管倾，先通氢气后点灯。

黑色变红水珠出，熄灭灯后再停氢。

只要背诵短短的四句话，就能轻易地把氢气还原氧化铜实验的操作步骤和实验现象，清清楚楚地记住了。

此外，学习生理卫生知识，也可以用歌诀记忆法。比如关于人体结构，有位老师就编了一首《人体概述歌》，作为记忆帮手：

人体共有三个腔，颅腔体腔脊骨腔。

膈将体腔分为二，上胸腔，下腹腔。

腹腔肠胃胰脾肾，肝胆子宫和膀胱。

胸腔脏器种类少，左右两肺夹心脏。

人体复杂是整体，协调活动保健康。

只要记住了这首歌词，就能记住人体大概的构成。

歌诀记忆法，作为一种有趣且实用的记忆法，我们应该有意识地去推广，用它帮助自己提高记忆效果。

那么，歌诀记忆法最重要的环节——编制歌诀的方法有哪些呢？

大量实践经验证明，有节奏、有韵律的识记内容，与没有节奏、没有韵律的识记内容相比，要好记得多。由于歌诀记忆法要求语言编码要有韵律，所以，识记内容应该语音和谐、节奏鲜明、语言精炼、句式整齐，应该容易引起我们的注意，让人便于记住。而编制歌诀时则要注意尽可能地抓住记忆材料本身的特征，反映出材料最主要、最基本的内容；编制出来的歌诀，要自然简洁，有节奏感和音乐感。

编制歌诀的常用方法主要有以下几种：

（1）简缩法

就是从理解识记材料的意义方面着手，将每条记忆内容简缩为一个或者两个字，然后取其精华编成歌诀。比如《二十四节气歌》为：

春雨惊春清谷天，夏满芒夏暑相连。

秋处露秋寒霜降，冬雪雪冬小大寒。

（2）罗列法

对于记忆同类、同层次的知识材料，可以运用归纳并列法，编成歌诀记忆。比如下面某老师拟制的标点符号的顺口溜，就是采用的罗列歌诀记忆法。

当您说完话，画个小圆圈（。句号）；

如果要停顿，小圆点带尖（，逗号）；

添到词语间，点个瓜子点（、顿号）；

疑惑与发问，耳朵坠耳环（？问号）；

遇到特殊词，蝌蚪上下串（“”引号）。

（3）形象法

在歌诀中对所要记忆的主要材料运用比喻等方法，可使抽象的符号形象化。如：

一个门洞 n，两个门洞 m，

拐棍 f，伞把 t，

椅子 h，碰壁 k，

海豚戏球就是 i。

（4）特征法

抓住记忆材料的特征编制歌诀，进行记忆。如某老师教学生们分辨“辨辩瓣辫”四个字时，就是用的此法。歌诀是这样的：

中间点撇细分辨，

中间有言来争辩，

中间种瓜长花瓣，

中间青丝扎成辫。

（5）概括法

在理解的基础上，对识记材料进行高度概括，提炼出最能记住且最有意义的字或者词，然后汇集成歌诀。

如《历史朝代歌》为：

夏代商代与西周，春秋战国乱悠悠；

秦汉三国晋统一，南朝北朝是对头；

隋唐五代又十国，宋元明清帝王休。

此外，还有对比法、谐音法等等。在运用歌诀记忆法的过程中，还应该注意下面几个问题：

（1）对现成的歌诀要认真理解，并加以运用

运用“歌诀”记忆法时，我们大可以实行“拿来主义”，古为今用、人为我用，多用一下现成的歌诀，这样省时又省力。但是一定要把歌诀内容与原文材料相互对照几遍，弄清楚歌诀对原材料的概括情况，真正理解歌诀的意义。这样才能记得快、记得牢、记得准。

（2）“自己自足”最好

如果可以的话，歌诀最好是自己动手编写。因为编制过程，就是记忆的过程，而且自己创造的东西容易在大脑中留下深刻的烙印。

（3）编写歌诀要注意韵律

编写前，要先把必须记住的要点列出来，如果条件允许，也可以为了合辙押韵，前后颠倒一下顺序，但记住不要搞得面目全非。

（4）歌诀一定要精练准确

编歌诀一定要简明，要忠实于原来的识记材料，不能离原材

料太远，否则难以引起正确的回忆。

大量的实践已经证明，歌诀记忆法是一种行之有效的记忆方法，如果所编的歌诀深入人心，且琅琅上口，就一定能在最短的时间内牢牢地记住许多东西。因此，我们一定要结合目前信息时代、知识时代的特点，把歌诀记忆法这种人类使用最久、最广泛的记忆术发扬光大。

◎ 多听音乐帮助记忆

国外专家研究发现，巴赫、亨德尔等人作品中的慢板乐章，能够消除大脑的紧张，使人进入冥想状态。听着节奏缓慢的音乐，并且放松全身的肌肉，合着音乐的节拍读出需要记忆的材料。学习结束之后，再播放 2 分钟快乐的音乐，让大脑从记忆活动中清醒过来。

2. “有序”记忆法：有头绪的更好记

“有序”记忆法，就是在进行记忆时，有意识地记住其中各部分的顺序，通过利用对顺序的理解，来完成整个记忆过程的记忆方法。我们通常可以把记忆分成两个过程：“记”和“忆”。“记”是必要的阶段，而有序的“记”，将会为“忆”提供更大的帮助。

在进行“有序”记忆时，要求我们把需要记忆的关系层次、顺序弄清楚，通过整理头绪、理清思路，尽可能地以更大的整体模块、按一定的关系顺序来记忆，从而提高记忆效果。

在实际中，会有很多抽象、繁杂、毫无排列顺序可寻的事物，因此在进行记忆时，会使我们的思路因为受到阻碍而不能达到一个理想的记忆效果。

南宋时期的著名教育家朱熹曾说："读书之法，莫贵于循守而致精。以一书言之，则其篇章之句，首尾次第，亦各有序而不可乱也。"其意思就是说，读书要有个先后顺序，就读一本书而言，也要按顺序读，这样才不会生吞活剥或杂乱无章，以达到更好的记忆效果，由此也说明了"有序"的重要性。

"有序"就是通过对知识进行分析、理解，然后把一切需要记忆的事物都按一定的顺序排列起来，为我们的记忆做好铺垫，使记忆变得更加快速、更加容易理解。

例如，曾经有人做过这样一个实验：

向同一班级的学生们出示一套同一系列的几何图形，然后将所有的学生们随机分成甲乙两个组。

其中，要求甲组按照图形的顺序进行记忆，而对乙组，则没有提出必须按顺序记忆的要求，只是尽可能地多记就可以了。

结果，甲组的学生们平均记住了图形的约 70%，而乙组的学生们却只记住了大约 28%。相差悬殊的检查结果，再一次向我们证明了利用"有序"记忆法的优越性。

"有序"记忆法可以帮助我们整理头绪，有效地提高自己的记忆效果。在实际中，我们如何在不同的知识间、根据不同的特点使用"有序"记忆法来提高记忆效果呢？

（1）按照材料本身的顺序进行"有序"记忆

有些知识本身就分有章节，如一本书里分为一、二、三等若干个章；每一个章里又分为 1、2、3 等若干个小节；每一个小节里又可以分为（1）、（2）、（3）等若干个问题；每一个问题又可以分为a、b、c等若干个知识点。这些顺序都是由书或知识本身的标题所决定的，也是最明显的顺序。对于这样的知识，我们可以直接按照它们的顺序进行记忆就行了。

如果其中有些知识的篇幅过长，不利于我们记忆的话，也可以将其划分成若干个段落，然后再给它标出序号，将原本不明显的内容明显化，然后再进行“有序”记忆。

（2）可以根据知识各部分之间存在的某种递进的联系，按不同的方法进行排序，再按这个顺序进行“有序”记忆

例如，可以根据以下几种顺序进行“有序”记忆：

①按照“从易到难”的顺序

因为容易的知识一般更容易被理解，所以，按照“从易到难”的顺序记忆，可以使我们更容易接受，然后再一步一步地深入，这样也有助于我们的理解。

②按照“从上到下、从里到外”等空间顺序

这种顺序一般多用于对一些图像知识的理解。将原本混乱的知识排列成了“有序”的记忆，从而加快了记忆速度，也使记忆效果得到了很大的提高。

③按照时间的先后顺序

有很多关于时间、年代的知识，我们可以先抛开知识的内容，只按照知识所出现的时间顺序进行记忆。

④按事物发展的逻辑顺序

事物会发展就必定有其一定的逻辑关系，但有时并不是以顺序的形式出现，可能是倒叙，也可能是插叙，这样就容易使我们在理解上遇到困难，加大了记忆的难度。因此，我们将要记忆的事物按一定的逻辑顺序进行排列，就可以帮助我们理清思路，提

高记忆效果。

⑤按“开头”的异同进行排列的顺序

例如，学生们学习英语，对单词或句子进行记忆时，可以将它们先按照相同的开头进行排列，然后再按排列的顺序进行记忆。如：先排列出开头是A的单词，再排列出开头是B的单词，开头是C的单词，其他以此类推，然后再按从上到下的顺序进行记忆。

3. “形象”记忆法：让枯燥的生动起来

所谓的“形象”记忆法，是指运用多种手段，尽可能地把抽象、枯燥的内容形象化，让它们以一种可直接感知的形式再现，赋予这些内容以生命，让它们“活动”起来，引发人的各种形象思维，以加强记忆，提升记忆效果。

识记过程中，直观、形象的材料比枯燥、抽象的材料更容易被我们记住。比如，老师向学生们分别出示10个有形象衬托的词语和抽象的词语，然后当场进行记忆测试。结果，学生们能够回忆出8个有实物衬托的词语，而那些抽象的语词只能残缺不全地记起四五个。随着时间的流逝，这种记忆差异更为明显，3天后，有实物衬托的词语能够回忆出6个，可是抽象的语词却只能想起两个来。

小学生擅长记忆具体形象。直观形象的东西，尤其是视觉映像，更容易给他们留下深刻的印象。因此，在记忆一些抽象的东西，他们都会尽可能与身边的或者见过的某些具体形象的东西结合起来，在记忆形象的基础上，记住这些抽象的东西。

有位学生说："我之所以比其他同学更快、更牢固地记住33321602这个电话号码，就是因为我把它分解成了几个我熟悉的部分。从表面上看，这组数字毫无意义，但是对我而言，它们是有意义的。因为33是我爸爸的年龄，32是我所住的小区的号码，16是我家的楼层，而02则是我家楼房的单元号码。这样一分解，我很容易就记住它了。"

可是，他的同学们却费了半天劲才记住，结果第二天只能支离破碎地想起几个数字来。

那么，为什么会出现这种记忆差异呢？这需要从人们对客观事物的认识谈起。人们认识客观事物需要依靠感知器官，而感知正是从直观形象开始的。

形象感知是记忆的根本，而人的记忆都是从形象记忆开始的，通常人半岁左右时就可以根据形象进行记忆了，比如认知母亲的面貌。所以说，形象记忆是由感知到思维必不可少的中间环节。

与抽象记忆相比，形象记忆是人脑中最能在深层次起作用的、最积极的，同时也是最具挖掘潜力的记忆力，是目前最合乎人类的右脑运作模式的记忆方法。它可以让人在瞬间记住多个电话号码，而且可以长达一个星期不会忘记。

人们在利用语言作为思维的材料，不断促进意义记忆和抽象思维的发展，促进左脑功能迅速发展，而这种发展又反过来不断推动人的思维从低级向高级进步、完善，甚至越来越表现出神奇作用的过程中，却犯了一个错误——逐渐忽视了形象记忆和形象思维的重要作用。于是，就越来越偏重于使用左脑进行意义记忆和抽象思维，而冷落了右脑的形象记忆和形象思维功能，结果使得记忆终于发展为"左脑占优势"的社会。

其实，我们对右脑形象记忆的潜力还缺乏深刻认识。那么，形象记忆与意义记忆之间到底存在多大差别呢？日本学者中山正和经过推算得出，一般人“记忆中的语言信息量和形象信息量的比率为1 ： 1000”。此外，如果想亲自证明形象记忆在人脑中的重要地位，你可以做个摆动实验：

把一枚小螺母栓在一根长30厘米长的细线下端做个吊摆；然后在一张纸上画个直径为10厘米的圆，通过圆心在圆内画一个“十”字。

再按以下步骤进行实验：

①平稳地坐在椅子上，双肩放松，胳膊放置于桌上，心无杂念，平缓地呼吸。

②用右手的食指和拇指轻轻捏住细线，使螺母垂悬于圆心，距离纸有3 ～ 5厘米的高度。

③眼睛紧盯螺母，同时头脑中浮现螺母左右摆动的形象（如果一时想象不出螺母摆动的形象，可以左右移动自己的视线），同时暗示自己螺母开始摆动了。这样，在不知不觉中螺母就会真的摆动起来了。

④如果你想象停止螺母摆动的形象，那螺母就真的会慢慢停止摆动。

⑤熟练这些方法后，你还可以用想象的方法随意让螺母前后摆动或者绕圆周旋转等等，让螺母完全听从你的指挥。

为什么会产生这种现象呢？原来这是大脑中的手或者手指活动的形象记忆在暗中起作用。因为任何人的手或者手指都有过前后左右晃动的经历，产生过晃动的形象。而且不论你自己是否意识到，这些晃动的形象，都已经深深地记忆在你的脑海中了。同时，这种形象记忆还会和当时的身体动作结合在一起，储存在你的脑海里了。因此，当你回忆和想象时，身体就会自发地重现当时的现象。

日本学者恩口为了搞清楚语言信息和形象信息对实验结果的影响，曾经和学生们做过这个实验。

实验中，恩口教授把学生分成两组，每组各有一半的男女学生。实验中，他让A组学生只在嘴里念叨“螺母前后摆”或者“螺母左右晃”之类的话，但是头脑中不浮现螺母摆动的形象；而B组学生则默不做声地在头脑中浮现螺母摆动的形象。结果表明，B组螺母摆动的现象开始得要早，并且摆动的幅度比A组要大4～5倍。

这个实验说明什么问题呢？日本另一位学者保坂荣之介认为：“通过形象的浮现，大脑肯定会向我们的身体发出变化的指令信号。实际上，这里面正好隐藏着记忆力、注意力的秘密……增强记忆力、注意力的动力，似乎就隐藏在如何控制形象记忆中。”

这个实验实际上向我们揭示了人的记忆力的一个最大的奥秘，即形象记忆确实是人脑中最能在深层次起作用的、最积极的，同时也是最具挖掘潜力的记忆力。

◎ 记忆的最佳时间

一般来说，上午9～11时，下午3～4时，晚上7～10时为最佳记忆时间。利用上述时间来记忆重点难点和学习材料，效果要好得多。

4. “提纲”记忆法：抓住最重要的东西

提纲记忆法是将要记忆的内容通过分析、总结、提炼，形成提纲的形式，只要理解和记住提纲的内容，也就容易记住所有的内容。提纲记忆法的原理是抓住主要的关键内容，在此基础上把握全部内容，即所谓的“举一纲而万目张，解一卷而众篇明”。

提纲记忆法适合记忆那些篇幅较长、内容较多的材料，如果是简短的材料，如果也采用提纲记忆法，就显得多此一举。

提纲是一本书或一篇文章或一段文字的主要脉络，任何一段文字都有其提纲，它是整个内容的精华和浓缩。采用提纲记忆法进行记忆，首先要找到所要记忆的内容的提纲。

提纲的归纳是提纲记忆法的主要步骤。提纲具有一定的直观性、概括性和层次性。也就是在归纳提纲时要言简意赅，层次清楚，突出深意，使人一看便知该书或者文章的主要内容。对于一本书来说，其提纲一般是该书的目录中所显示的章和节的内容。因此，我们读书的时候，首先要读目录，把目录理清楚了之后再翻开细细品读。在读书里的内容时，也要不断地返回目录，以免在阅读过程中迷失主题。只有明确了各部分在全书中的地位和作用，才能真正地把书读懂，否则只会是断章取义。

有的文章的提纲很明确，例如论文类的文章。而对于一些散文或者小说来说，则需要在阅读完整篇文章之后，进行归纳总结而得出提纲。

例如将王安石变法用提纲的形式列出来，然后采用提纲记忆法来记忆。

（1）王安石变法的背景

内因：财政经济困难，阶级矛盾尖锐。

外因：辽和西夏的威胁。

（2）王安石变法的经过

时间：1069年。

人物：宋神宗任用王安石做参知政事。目的——富国强兵，缓解矛盾，挽救危机。

内容：青苗法，募役法，农田水利法，方田均税法，保甲法。

作用：社会生产发展，政府收入增加，军事力量增强。

采用这种提纲式的记忆方法能够帮助我们减少很多记忆的内容，去除繁枝余叶，提炼出真正需要我们下工夫去记忆的精华内容。

提纲要想做得精炼，第一步需要理解内容的实质意义，第二步则要学会归纳总结，即用最简单的话概括意思主旨。

例如在历史教材中，1901年清政府与帝国主义列强所签订的丧权辱国的《辛丑条约》是记忆的要点，对该条约的主要内容进行概括，共有以下4点：

（1）清政府赔偿列强白银4.5亿两；

（2）清政府要严禁人民群众的反抗斗争；

（3）允许帝国主义在中国境内驻兵；

（4）各帝国在中国修建使馆，划分租界。

如果要记住这4点主要内容，我们可以将其再次加以提炼浓缩，为："钱""禁""兵""馆"4个字，"钱"代表要赔钱；"禁"代表禁止人民群众反抗；"兵"代表在中国驻兵；"馆"代表"修建使馆”。这种提炼当然是达到了极致，大大地减轻了记忆的负担。当然，如果不能提炼到只有一个字，那么，把一句话或一段话缩减到一个词、一句话，也是一种提炼，而且大多数提纲记忆法都是将一段话或几段话提炼为一句话来概括。

例如，历史书中关于斯巴达克起义的内容较多，用提纲的形式写出来，就很简单明了，容易记忆。

（1）斯巴达克起义的原因

大量奴隶流入；从事繁重劳动；强迫进行角斗。

（2）斯巴达克起义的经过

公元前 73 年爆发；北战南征，渡海未成；东进，攻克拉苏防线；决战、牺牲、失败。

（3）斯巴达克起义的意义

最大的一次奴隶起义；古代无产阶级的真正代表；打击了罗马奴隶主的统治；动摇了奴隶制的基础。

提纲中的每一句话，每一个词，都是大段文字的精简和浓缩，因而在看提纲时，要不断地回忆提纲背后的文字内容，尽量将记忆的触角伸展到记忆的所有内容之中。

运用提纲记忆法的步骤如下：

（1）统观全局，浏览所有的内容

记忆的第一步，要明确需要记忆的内容，对记忆内容的全局有一个大致的了解，例如共有几个部分、几个段落，每部分有多少文字，对此心中要有数。

（2）熟读要记忆的部分，分析这部分内容的实质意思

只有在理解的基础上，才能记忆；理解了文中的意思，才可以用自己的语言将其描述出来。因此这个步骤是最重要也是最难的一步。理解能力、分析能力强的人可以轻松地做到，而理解能

力稍差的则需要费一些时间，反复多读几遍，或者向别人请教，以达到真正理解文中所要表达的意思。当然一个人的理解能力和分析能力是可以通过不断地训练，从而得到提高的。如果你具有超强的理解能力，文章看一遍就能理解，那么就请直接进入下一步。

（3）归纳文章大意，理清结构层次，列出提纲

一段文字有段落大意，一篇文章有文章的中心思想，我们在小学学习语文时就做过这样的练习，用一句话来归纳整个文章的中心思想，每一段的段落大意，有时候中心思想和段落大意可以在文中直接找出来原话，但有的则需要读者自己去归纳。明确了全文的大意及每一段的大意，这还不够，还要将文章的结构层次理清楚，即文章从几个方面来写，结构上是如何安排的。如果将以上的所有方面都弄清楚了，那么我们便可以列出文章的提纲了。通常作者在写作之前，要自己先列出一个写作提纲，然后才开始一层一层地写下去。如果读者看完文章后，列出来的提纲与作者写作当时所列的提纲相同，那么就说明读者看懂了这篇文章。从另外一个方面，也可以说作者达到了他的写作目的，即他所要表达的意思被别人理解了。

（4）提纲列出后，反复看多次，直至能够背诵所有的内容

提纲列出来，就等于把文章的内容浓缩了，那么要记住通篇文章，只需记住提纲就可以了。如果提纲是自己列出来的，那么记忆的效果会更好，因为在列提纲的过程中，就已经有记忆的介入了。当然，每次记提纲时，也要尽量地回忆内容中的细节，以使记忆更加丰富。有时记忆并不是一次性的，时常要回过头来再次记忆，那么这些提纲就可以帮你很大忙，因为你不必再次花很多时间去看通篇文章的内容，而只需看看提纲即可。

5. “理解”记忆法：理解了才易记

所谓“理解记忆法”，就是一种把所要记忆的知识、材料，先进行积极地理解、分析，然后再背诵、记忆的方法。而所谓“理解、分析”，就是深入思索、用心体会，弄清楚所要记忆的内容的含义、用途、应用方法等等，分析出记忆内容包括字词句段之间的因果、递进、条件、假设等关系，从而降低记忆难度。

理解是良好记忆的基础，是提高记忆效果的先决条件，所以说通过理解加深记忆是行之有效的方法。

记忆是学习的重要组成部分，学过的东西只有记得住，才能增加知识储量，才能不断提高自己的能力。如果学过的东西记不住，那么即使学得再多，大脑也是一片空白，就相当于白学。

大量的学习实践，也已经充分地证明，若要记得，必须先懂得。因为很多知识的记忆与运用，都必须以理解为基础，以理解为前提，而且前面的知识理解得越深刻、记得越牢，就越有利于理解后面的知识，越有利于记忆后面的知识。反之，如果前面的知识不理解，就有可能导致不理解后面的知识。这样即使暂时记住了这些知识，迟早也会忘掉。

一个人理解能力的强弱，在很大程度上取决于他的知识储量，因为人脑中旧有的知识结构，就好像一张渔网。这张渔网越细密、越宽大，捕到的鱼就越多；而如果渔网有无数漏洞，那么鱼儿们就会找机会逃之夭夭。因此，人头脑中知识结构越复杂、越系统化，记忆得就越全面、越迅速、越牢固。所以，对于新知识，我们应该尽量在理解的基础上记忆。

通常，识记可以分为机械识记和意义识记：前者是在没有理解事物的情况下，依据事物的外部联系，通过机械性地重复所进行的识记，其基本条件是多次重复记忆；而意义识记，就是在理解事物的基础上，依据事物的内在联系进行识记，或者说，它先通过积极的思维活动去揭露事物内在的本质联系，找到新材料和旧有知识的联系，并将它们纳入已有知识系统中进行识记，其基本条件是理解。

理解就是运用已有的经验、知识去认识新事物间的联系、关系，直至认识其本质、规律的一种逐步深入的思维活动，比如明确了一个数学或物理上的概念，掌握了数学或物理的公式、定理、法则和原理的知识发生过程等，这些思维活动都叫理解。

德国著名心理学家艾宾浩斯，曾经做过 7 次试验，结果表明，记 80 个无意义的音节，要比背 80 个字音组成的英国诗人拜伦所写的《唐璜》的诗句要多花费大约 10 倍的精力。

像我们平常所说泰国的首都——曼谷，它其实是“共台甫马哈那坤奔地娃劳狄希阿由他亚马哈底陆浦改劝辣塔尼布黎隆乌冬帕拉查尼卫马哈洒坦”的简称，相信大家会一致认为记住这 41 个字，还不如去背 41 首唐诗。

这两个例子就能充分说明理解记忆法要比机械记忆法的效果好很多。究其原因，就是理解了的新知识、经验与过去巩固了的旧知识、经验产生了内在联系，这就有了一个记忆的“支撑点”，所以容易记住。而那些不理解的东西则是孤立的，在内容上与过去的知识、经验没有联系，没有记忆的“支撑点”，因而就不容易被记住。

既然记忆有这种规律特点，我们就应该有意识地让自己运用理解记忆，在记忆时展开积极思维，这样才能取得良好的记忆效果。

在记忆材料时，应该在理解的基础上，把材料分成大小段落和层次，找出它们之间的逻辑联系，而不要从一开始就进行逐字逐句地机械记忆，做浪费时间与精力的无用功。

在日本教育界流行这样一个口号——要理解，不要死记硬背！而捷克著名教育家夸美纽斯也说："学生首先应当学会理解事物，然后再去记忆它们。并且只有彻底地懂得，并且记忆了的东西，才能把它们看作心里的财产。"所以，理解是记忆的第一步。

应该怎样通过理解去记忆所学知识呢？下面，我们给大家介绍一下"理解"记忆法的实施步骤及操作要点：

（1）了解识记内容的大意

想要记忆某个知识或者事物，首先要弄清它的大致内容。比如背诵唐诗宋词，就是首先把诗词通读或者浏览一遍，然后再记忆；如果想记忆音乐，就要先把整首曲子完整地听一遍，才可以进行下一步的记忆。了解了全貌，才能对局部进行深刻的理解。所以，了解大意，就成了理解记忆的第一步。

（2）进行局部分析

对事物有了大致了解后，就要逐步深入分析。因为只有分析了，才能深入理解想要记忆的内容，才能加深记忆印象。

（3）寻找关键内容

韩愈在《进学解》中说过一句，学习要懂得"提要钩玄"。其实记忆也是如此。只有找到文章的要点、关键和难点，把它们弄明白，才能牢牢地记住，并且也只有在此基础上，才能理解和记住其比较次要或者从属的内容。

（4）融会贯通

就是把所理解和记住的各种局部内容联系起来，反复思考、全面理解，这样才能真正达到理解整体的目的，才更有利于加深记忆。

（5）实践运用

所学的东西，是否真正理解了，是否真正记住了，还要看在实践中能否灵活运用。如果在实际应用时，经常“卡壳”，就说明并未真正理解，没有真记住。

只有在实践中做到了灵活运用，才说明记忆效果达到了最好。而检验记忆效果高低的最好方法就是实践检验。

进行理解记忆，有许多办法可以采用，但是，最主要的就是对识记的材料进行分析综合，弄清它们之间的各种联系，在此基础上，进行有意识的记忆。对这些联系研究得越透彻，理解得越深刻，记忆得就越深刻。

苏霍姆林斯基说得好：“记诵没有充分理解的规则，会导致肤浅的知识，而肤浅的知识是不能保存在记忆里的。”所以，我们一定要在理解的基础上进行记忆，学会“理解”记忆法。只有这样，我们的记忆效果才能够提高，记忆的时间才能够更持久。

6. “比较”记忆法：有比较才会记得牢

所谓的“比较”记忆法，就是对相似而又不同的识记材料进行对比、分析，弄清以至把握住它们的差异点与相同点，使输入的信息加强对大脑的刺激，从而让记忆变得容易起来的方法。

不比不知道，一比全明了。比较，对于人们理解事物具有非常重要的作用，因为它不但可以促进一个人的思维发展，帮助人们很快地解决学习问题，迅速地发展人的智力，提高人的能力。而且鲜明的对比，可以给人留下深刻的印象，使记忆变得简便易行、效果显著。

下面，我们从4个方面谈论一下“比较”记忆的可行性：

（1）比较对象没有非常严格的特殊要求

采用“比较”法进行记忆时，比较对象的范围是比较广的，它们可以是一个专题、一个板块或者几个语句，可以说只要比较对象之间存在可比性，就可以对比着进行记忆。在运用比较法进行记忆时，只要比较对象存在可比性，都可以拿来进行比较。

（2）找准比较点

选择和确定比较点是运用比较法进行记忆的关键。比较点是比较的方向和切入点。运用比较法进行记忆时，一定要选择最有比较价值和最能比出特点的“点”，否则就起不到强烈刺激记忆神经的作用。

（3）有比较的必要性

比较法不能滥用，尤其不能为了比较而比较。或者说，运用比较法一定能加深知识的记忆才可以，否则就不应该运用。比如某个事物或者知识点很容易记住，或者用其他方法更容易加深记忆，就可以不用比较法进行记忆。

（4）比较时，要在语言方面注意简单明了

进行比较的目的，是为了加深印象，而不是单纯地比较。所以，在比较时，应该力求语言简练，能用最少的字词或者语句比较出对比对象的关键部位、重要内容。如果比较时拖泥带水，就有可能迷失方向，抓不到记忆的点。

在运用比较法进行记忆时，一定要分析透比较的内容，对比较对象的归属、定位等等要有个实质的把握和分析。

乌申斯基认为："比较是一切理解和思维的基础，我们正是通过比较来了解世界上的一切。"其实，作为一切理解与思维的基础，比较同样是记忆的基础与手段。

"比较"法如果用得好，用得巧妙，对于巩固、归纳知识，加强知识的迁移，都有较好的效果。而这些，都是提高记忆能力与效果的必要方法与途径。

"比较"是确定事物异同关系的思维过程与方法，是从"分析与综合"到"抽象与概括"的桥梁。通过比较，才能认知异中之同，认识矛盾的普遍性、事物的共性，即规律性；通过比较，能辨别同中之异，认识矛盾的特殊性、事物的个性，即变化和发展。

在学习活动中，"知同"才能把握知识的基本规律，学会温故知新，举一反三；"辨异"才能抓住知识的个性，学会见微知著、触类旁通。

"比较"记忆法，就是把内容或者形式上有一定联系的知识，通过比较、辨别异同或者高下，从而使我们更清楚地认识事物特征，更好地记住这些异中有同、同中有异的事物。

其实，我们在学习知识的时候，通过比较进行记忆的方法有很多，比如：

（1）对立比较法

记忆时，把“黑白”分明、相互对立的事物放在一起，形成鲜明的对比，这样容易在大脑中留下清晰的印象。

（2）类似比较法

很多事物、知识存在着不同程度的相似性，但是本质上却可能存在重大差异。所以记忆时，可以借助以前学过的内容来学习新的知识或者靠找不同点来进行比较记忆。

（3）对照比较法

这是一种横向对比，是指同类材料的不同表达方式之间的比较，通常把同类的若干材料并列在一起，在学习中进行比较。

（4）顺序比较法

这是一种纵向的比较，是指新旧知识之间的比较，通常是在接触、学习新知识时，把它们与头脑中已有的旧知识进行比较，找出它们之间的联系——相同与不同之处。

（5）借比记忆法

我们经常会遇到一些比较抽象的事物或者现象，要能够理解，便于记忆，仅靠简单的语言文字表达，是很难达到效果的，但是如果借用一些日常生活中常见现象来比喻，就可以使抽象的事物或者现象具体化、形象化、简单化。这样记忆起来就轻松多了。

比较法只要运用得当，注意选择比较对象、比较方法，就一定能让我们尽快记住。但是要注意，不是所有的事物、知识都可以进行比较，而应该根据需要，灵活地进行比较，这样才能真正帮助我们用比较法加强记忆，提升我们的记忆效果。

7. “争论”记忆法：让我们在争论中记忆

“争论”记忆法就是通过与他人针对识记材料进行争论探讨，借以强化记忆的方法。在进行争论的时候，争论双方都处于高度紧张状态，一方面全神贯注地听取对方的意见，同时分析其中的正误；一方面积极思维，评论对方的见解，阐述自己的观点。这种情况下，信息输入大脑容易留下较深刻的印象。

古时，争论也叫切磋，它是一种有机会通过别人来修改完善或否定自己所记信息的方式。其过程就是利用回忆起来的信息组构而成的论据说明论点的论证过程。

“如果你有一个苹果，我有一个苹果，彼此交换，那么每人只有一个苹果；如果你有一个思想，我有一个思想，彼此交换，我们每个人都有两个思想，甚至多于两个思想。”这是著名文学家肖伯纳针对争论交流讲过的一段话。这段话，生动地说明了争论对于记忆知识、增长知识的重要性。

第一次世界大战后，法国出现了一个“布尔巴基集团”，由一些志同道合的青年组成，他们在一起读书，讨论学问。他们知道得虽然不多，起点也很低，但却雄心勃勃，大胆地交流看法，对一些问题和看法不辩个水落石出决不罢休，不经反复争辩的文章决不发表。在“争争吵吵”中，他们弄懂并记住了不少精深的东西，终于在 1939 年出版了著名的《数学原本》。

由此，我们可以看出，争论对于增强记忆有很大的帮助。具体表现在：

（1）争论因集中注意而加强记忆

加里宁在《论共产主义教育》一书中说：“当你们独自阅读时，你们只了解到一面，即使了解了三方面，还是没有了解到第四面。最后把四面全都了解了。可是哪知这东西不是一个平面，而是一个立方体，总共有六面。所以同别人一起争论，能把思想磨练深刻，能使思想丰富起来。”这就是说，争论有助于记忆，它符合大脑的思维规律。

在争论的时候，双方都精神高度紧张，全神贯注地听取对方的意见，以便分析其中的正误。由于注意力高度集中，无论是听到一个新观点，还是发现一个新论据；无论是自己被驳得体无完肤，还是对方甘拜下风，都是一种强刺激，都能留下深刻的记忆。

（2）争论因重复而加强记忆

在争论过程中，争论者进行积极地思维，重要的论据和论点可能被重复多次，便在不自觉中强化了记忆效果。如果自己提出的论据站不住脚，被对方用可信服的论据所驳倒，争论后还会因放弃自己的论点与论据而使大脑得以净化，并首次将对方正确的论点与充分的论据及顺畅达理的论证过程记入脑中，使原有的经验得以更新。

（3）争论因气氛热烈而有助于事后回忆

争论能形成有利于记忆的热烈气氛，这种气氛有利于散向注意力的集中和强烈神经联系的建立，还能惹起对争论问题的兴趣，也锻炼并提高了逻辑思维能力，对争论问题的记忆在大脑的两个半球协同合作中得到了强化，特别有助于事后回忆。

（4）争论可帮助检查记忆的准确性

争论可以帮助人们检查记忆的准确性。古语云：“智者千虑，必有一得。”人们记忆的知识，因为个人的局限性，总免不了要有一些谬误。通过争论，错误的暴露出来，得以纠正，从而形成正确的记忆。同时，记忆正确的知识得到了检验和应用，也得到进一步深化。

（5）争论可明辨是非，加深对正确知识的印象

经验表明，对容易混淆、自己拿不准的问题，通过争论来记忆是卓有成效的；明辨是非，是争论的另一收获。

庄子说：“知出乎争。”这是很有道理的。争论，旨在阐述自己的观点，对客观事物、客观现象加以说明。争论时，很容易使自己知识结构中的薄弱环节暴露出来。在争论的过程中，双方都会加深印象，错误的得到了纠正，正确的得到了承认，记忆也得到了巩固。

据有关专家研究发现，争论时，当自己记忆力的材料或讲述的观点被大家承认、接受，甚至赞许时，自己心里会有一种欣慰感、快乐感，大脑会兴奋起来，使记忆力增强，更有效地记住已掌握的知识；当自己记忆的材料或讲述的观点被人反对时，心里会感到“吃惊”；当别人记住的或说出来的很正确，便会有所悟，茅塞顿开。这“吃惊”、“顿开”就成为新异刺激，使大脑兴奋，记忆力增强，有效地记住它们。所以说，争论是一种极好的记忆方法。

在争论中，不同的观点会发生激烈的碰撞，为了证明自己的观点，思维变得异常活跃，积极寻找论据来阐明自己的理由。此时，争论双方的思想会处于高度紧张的状态，注意力高度集中，因为此时不但要全神贯注地听取对方的意见，分析其中的正误，还要积极思维，评论对方的见解，说明自己的观点。这就会令信息迅速输入大脑，留下较深刻的印象。

因此，在学习时，适当地和人进行争论，可以使我们加深对知识的记忆。

8.“红色标识”记忆法：针对非记住不可的内容

标识是人类社会在长期的生活和实践中，逐步形成的一种非以语言传达、而是以视觉图形及文字传达信息的象征符号。它可以起到提示、示意、指示、识别、警告，甚至命令的作用。“红色标识”记忆法，就是通过使用红色的标识来提高记忆效果的方法。

由于标识比语言更具有视觉的冲击力，所以可以更迅速、更准确、更强烈地传达信息。同时，借用视觉的刺激可以给我们留下更深刻的印象，达到提高记忆效果的目的。

“红色标识”记忆法的特点，就是利用标识这种简单的符号，通过视觉刺激来更有效、更直观地引起人们的重视，以达到提高记忆效果的目的。

那么，“红色标识”记忆法为什么可以有效地提高记忆效果呢?

首先，“红色标识”记忆法可以提高记忆的敏捷性。

记忆的敏捷性也是记忆速度的快慢，指一个人在一定时间内能够记住知识的多少。

记忆是否敏捷首先取决于大脑皮层中条件刺激形成反射的速度。刺激越大，速度越快，记住的也就越多；刺激越小，速度也就越慢，记住的自然也就越少。

美国的心理学家们曾经做过这样一个实验：

在同一个班级里找出10名记忆力水平差不多的学生，随意地将他们分成甲、乙两个小组。然后分别发给每个学生一篇内容相同的材料让他们在相同的时间里进行记忆。唯一不同的是，甲组的材料当中，在重点的知识处都标示了明显的标识，而乙组的材料当中则没有做出任何的标识。

时间过后，观察者请学生们分别复述材料的内容，结果甲组学生们的合格率是85%，而乙组的合格率却只有60%。

甲组的记忆效果明显要比乙组的好很多，相差悬殊的答案，也有力地证明了，有标识明显要比没有标识更容易刺激人的大脑，提高记忆的敏捷性，进而达到提高记忆效果的目的。

其次，"红色标识"记忆法还可以加强学生们记忆效果的持久性。

记忆的持久性是指记住的知识所保持时间的长短，它也是记忆效果巩固程度的体现。从生理学角度讲，记忆持久性取决于条件反射的牢固性，即刺激的印象越深刻，牢固性也就越强。即印象深的比印象浅的更不容易被人遗忘。

在现实生活和学习中，我们常常可以发现这样的现象：当记忆某项知识时，虽然有的人记得快，忘得快。但是，看到有特别标识的知识时，却会印象深刻，不仅记得快，而且记忆的效果也非常好。

在经历过一段时间后，或许当时的知识有许多都已经记不得了，但是那些有特别标识的知识却还总是可以回忆的起来。由此可见，有标识的知识比没有标识的知识对我们来说，更具有刺激性，自然也就更具有持久性。

再次，"红色标识"记忆法可以有效地提高记忆的正确性。

记忆的正确性是对原来记忆内容的性质的保持。可以说，正确性是良好记忆的最重要的特点。如果记忆总是不正确，那它只能对我们学习知识和经验积累帮倒忙。

正如，开汽车时弄反了方向，这时无论你怎么努力，都不会到达终点，反而开的越快，距离目的地就会越远。所以在提高记忆效果的时候，一定要特别强调记忆的正确性。因此带有标识的知识一定要是正确的，正面的。

“红色标识”记忆法通过强调所标识知识的重要性，不仅提高了记忆的正确性，更有效地提高了记忆的备用性。

备用性是指能够根据自己的需要，从记忆中迅速而准确地提取出所需的信息。

就像一个仓库，里面储满了货物，如果取货非常困难，那就起不到仓库应有的作用。人们的记忆就好比储存知识的“智慧仓库”，如果管理得当，进货、发货就会迅速、畅通无阻。这时，记忆中的标识就像货物的标码，可以引导我们准确地找到所需的知识。

9. “层次”记忆法：主次分清逻辑明

“层次”记忆法，就是将需要记忆的知识按某种顺序或定义的不同将知识的内容分成若干个层次来进行记忆的方法，叫做“层次”记忆法。这种记忆方法可以使人的思路变得条理清晰，内容次序明确，是一种易理解又高效的记忆方法。

美国著名心理学家布鲁姆在掌握学习理论中指出：“许多学生在学习中未能取得优异成绩，主要问题不是学生们智慧欠缺，而是由于没有适当的学习条件或合理的帮助造成的。如果提供适当的记忆方法，大部分学生在记忆能力、记忆速度和产生进一步学习动机等多方面，就会变得十分相似。”这也说明，好的记忆方法可以激发学生们的潜能，使学生们进入同一层次。

“层次”记忆法的目的就是让人可以充分发挥自己的潜能，将需要记忆的知识分层后，一层一层地逐步进行理解，记忆，为人们提供适当的学习条件和合理的帮助。而且在进行记忆时，将知识合理地分成若干个层次后我们可以根据自己的实际需要自由组合记忆的方向，帮助我们更好的进行记忆。

面对不易记忆和理解的事物时，怎样提高记忆效果呢？重点便在于以下 7 个字：主次分清逻辑明。任何事物都不是孤立的，虽然它们之间的联系纵横交错、关系复杂，但是只要分清主次，掌握材料的层次以及各层次之间的关系，然后分层记忆，那么记忆起来自然就容易得多了。

在现实中，我们需要记忆的东西也有主次不清楚、逻辑不明确，或是机械而又零散的。而且在刚进行记忆时，对事物的条理性和层次常常把握不清楚，经常把好几层意思混在一起进行记忆，既加大了记忆的难度，又使记忆系统没有层次感。为了更快速更有效地提高自己的记忆效果，我们可以实施分层次记忆的方法。

例如：当学生们拿到一篇课文或学习材料时，先不急于让学生面对整篇内容，而是在整体理解课文大况的基础上，把课文分成几个层次，一层层进行记忆，这样就可以大大地缩减记忆的难度，特别是对于那些篇幅较长的知识。

我们在初学英语时，普遍感觉比较困难，最让我们头疼的恐怕就是单词的记忆了。因为单词一是量多，二是有很多单词很难有规律可寻，而且很多单词看似写法相近，实则含义南辕北辙，记忆起来就非常枯燥，而且很容易相互混淆，打击我们学习记忆的积极性，有时甚至还会让我们产生畏难情绪。

但是想要学好英语，记忆大量的单词是必不可少的重要条件，在面对这一矛盾时老师们除了要帮助学生总结一些发音规律外，还可以建立单词的分层制。即把需要记忆的单词按某些特定的关系分成若干个层次，如 A、B、C、D、E 等不同的层次，然后再逐层记忆。

这样学生们就有了更多选择的余地，学生们可以根据自己的实际情况自由地选择先记哪层、后记哪层，可以穿插记忆也可以逐层记忆。这种记忆方法就像是在爬楼梯一样，学生们一层一层地爬，稳扎稳打，步步为营，可以使记忆的路变得更加稳固。

如果学生有能力跳到更高的一层时，就可以节省记忆的时间，提高记忆效率。

所以美国著名学者布鲁洛认为，人类记忆的首要任务不是储存，而是检索。关键就在于组织，没有合理的知识结构，知识即使记住了，也很容易遗忘。层次记忆法善于把零散的知识，或长篇枯燥的知识分层次组织起来，联系起来，不仅便于记忆，也便于应用。

通过层次记忆法，使知识在头脑中形成更多新的组合，刺激记忆细胞，知识的信息量就会不断地激增，走向有序，促使知识进行进一步的发展。

那么怎样实施层次记忆法进行更好的记忆呢？

可以从以下几点入手：

（1）首先要明白分层次记忆的好处和重要性

层次记忆法可以将大篇的记忆材料化整为零，降低困难感，增强记忆的信心，而且还可以将记忆化难为易。

（2）根据对事物整体的理解，将其按一定的关系划分层次，深入探究各层次之间的联系，整理自己的思路，然后进行记忆

①纯粹分层

纯粹分层就是按知识内容本身的顺序分层进行记忆，如按自然段分层，就是一个自然段就可以做为一层，然后一层一层进行记忆，或者是按单元分层，即每一个单元分成一层，这种分层方法对于那些知识量大而且逻辑关系不多的知识，可以更好地发挥它加快记忆速度的作用。

②渐进分层

渐进分层就是按知识之间的发展顺序或者是逻辑顺序进行分层，各层次的知识之间是一种层层递进的关系，当学生们进行记忆的时候，层次之间的逻辑顺序就是记忆的思想主线。这时可以层层渐进地记忆，也可以根据自己的实际情况按其他的逻辑顺序将各层次之间的顺序重新排列，然后一层一层进行记忆，也可以跳层次记忆，只要可以更好地提高自己的记忆效果，我们都可以自由组合。

③主次分层

将知识按主次分层，也就是按重要性的不同，进行分层，然后进行记忆。我们可以先记忆主要的知识，然后记忆次要的知识，这样我们就可以合理安排自己的时间，达到最好的记忆效果。

分层次记忆法以它独特的记忆方式充分调动起了我们的记忆积极性，它的分层方式可以横向进行也可以纵向进行，充分满足了不同人的记忆要求，促使人们朝着能发挥自己优势的方向发展，使每个人都可以在原有的基础上有所提高，达到分层记忆的最好

效果，满足人们需要获得成功的心理需求。

10. “规律”记忆法：减轻我们记忆的负担

规律是事物内在的、本质的、必然的联系。我们认识事物，就是要认识事物的规律，否则便不能真正把握事物。如果我们能够找出所有事物发生和发展的规律，便能够掌握事物发展的方向，从而达到对自然和人类社会的掌握和驾驭。

人类认识自然界的过程，也就是对各种规律的逐渐发现并掌握的过程。例如英国物理学家牛顿发现了地球的万有引力，提出了万有引力定律，解开了为什么一切向上抛的物体都会落回地面上的原因。从此，人们便对这种现象有了更深的认识，能够从力的作用上来分析物体的运动，推动了科学进一步的发展，为人类认识世界迈出了关键的一步。那么，如果我们每个人都只是把现象当作“现象”本身，不对其进行深层思考，便永远没有万有引力定律的发现，更没有在此基础上对其他规律的认识，也就没有现在的文明程度。

许多学习成绩好的人就是善于将所学的知识予以分析，找出其中的规律，进而做到轻松记忆。单元知识的记忆量减少了，在大脑的记忆总量不变的情况下，所记忆的知识面就广了。

规律记忆法使用的关键是找出事物的规律，即找出需要记忆的这一块内容的内在联系性。如果前人已经总结出了规律，那么只要理解该规律，并记住它即可。当你所要记忆的内容，还没有规律总结，或者有规律总结，但你并不知晓，这种情况下，你应当自己学会总结出规律，只有自己学会总结规律，才能立于不败之地，面对任何事物都不必担心。掌握事物的规律要善于分析，不能被记忆材料的表面现象所迷惑。

德国数学家高斯小时候读书时，有一次老师让他们计算1+2+3+……一直加到100之和。正当全班同学挨个数相加时，高斯报出了5050的答案。为什么高斯的计算这样神速呢？原来高斯发现1+00=101，2+99=101，3+98=101……50+1=101，抓住了这个规律，他就采用了101×50=5050的简便算法。

总结规律是一项很重要的能力，但是这种能力也不是一朝一夕就能够具备的，只能在不断的学习与锻炼中提高。至于如何总结规律，可以依照以下方法去尝试。

首先，多接触一些规律性的事物，运用规律对各种事物加以理解，看看这些规律是怎样总结出来的，是从哪些方面找出来的规律，习惯这种由面到点的思维方式。例如，数学中的数列是由一列具有一定规律的数组成的，经常练习做一些数列方面的题目，可以帮助我们寻找规律。如数列：1、3、9、27、81、243。这一数列的规律是后项是前项的3倍。再如数列：1，4，9，16，25，36……这个数列的规律是自然数的平方。当然，经常做一做这样的训练该领域了解得越深，规律也就越好找。

再例如，许多人在学习化学时，对于原子的核外电子排布这部分知识感觉很迷茫。我们可以把核电荷数从1—18的元素的原子结构示意图都画出来，从中找出一些规律：

（1）所有原子的核外电子数之和与核电荷数相等；

（2）除氢外，原子的第一层电子数为2；

（3）核电荷数为10（含10）以上的原子，第二层电子数为8；

（4）稀有气体元素的原子的最外层为 8 个电子（氦为 2 个），如氖、氩；

（5）金属元素的最外层电子数一般少于 4 个，如钠、镁、铝；

（6）非金属元素的最外层电子数一般多于或等于 4 个，如氟、氯、硫、磷、碳等。

最后，就是要不断地实践，在实践中摸索经验，得出的规律就会有实际价值。

规律记忆法适合于记忆那些在相同条件下反复出现的材料，而不适合于记忆那些特殊条件下偶然出现的材料。例如在化学反应中大多数都是氧化还原反应。在氧化还原反应中，又包含了很多的相关知识。例如，在化学反应中什么是氧化剂，什么是还原剂，反应中元素的化合价升降情况，以及得失电子与化合价升降之间的关系等方面的知识经常混在一起出题。这些题看起来很复杂，实质上只要掌握了氧化还原反应的特点和规律，就能够轻松应对这些化学试题。氧化还原反应的本质是在反应中存在电子的得失。在反应中，得到电子的原子或者离子，化合价降低，该元素被还原，该物质是氧化剂；失去电子的原子或者离子，化合价升高，该元素被氧化，该物质是还原剂。总结起来，可以用一句口诀来概括："失电子，升了价，被氧化，还原剂；得电子，降了价，被还原、氧化剂。"仔细看这一句话，发现前半句和后半句之间，正好是相反的一些词。例如失—得，升—降，氧化—还原，还原剂—氧化剂。因此对于这一句话的记忆，又可以只记前半句，对于后半句可以通过推理得出。

所以说，认识事物的规律，把握事物的规律，再通过规律来认识其他事物，这是运用规律的普遍性和重复性的体现。同样，我们可以运用规律来进行有效的记忆，也就是规律记忆法，这是一种很有效、很方便的记忆方法。采用规律记忆法可以大大减轻我们记忆的负担。

◎ 二十三遍读课文法

“二十三遍读课文法”是著名画家、作家丰子恺先生的记忆方法，我们可以借鉴一下。

丰子恺对学习外语有着特殊的爱好，学英语一年就可以看英文的长篇小说，并从事翻译工作。他的诀窍正是针对“遗忘规律”行之有效的“二十三遍读课文法”。

每篇外语课文他都要读 23 遍，分 5 次进行：

第一天读第一课 10 遍；

第二天读第二课 10 遍，温习第一课 5 遍；

第三天读第三课 10 遍，温习第一、二课 5 遍；

第四天读第四课 10 遍，温习第二、三课各 5 遍，第一课 2 遍……

每篇课文分 4 次读完 22 遍，过半个月再读 1 遍。

这种学习方法遵循了心理学、教育学中记忆的规律。第一天 10 遍，第二、三天各 5 遍，遗忘速度最快时，也是他读书遍数最多的时候。第四天 2 遍，半个月后再复习一遍，完全可以抑制遗忘，把所学材料变成长期信息贮存在脑子里。这种记忆方法，要比在一天中把一篇课文读 23 遍的效果好得多。

11. “系统”记忆法：点面结合记得全

“系统”记忆法，就是指及时将需要记忆的知识间的关系、层次弄清楚，再分门别类地加以整理、加工，使之构成一个完整的系统，然后尽可能地以更大的整体模块来进行更系统的记忆的方法。

利用“系统”记忆法进行记忆，可以使人们大脑中的知识体系变得更完整，有助于人们不断完善和检索已有的知识结构，以达到更巩固的记忆效果。比如，历史课是一门覆盖面和知识含量都非常广的学科，面对众多分散、繁杂的知识点，我们经常只是一味盲目地死记硬背，随着记忆量不断增加，也容易使记忆结果产生混淆，最后适得其反。

针对这一现象，我们应先将教材内容系统化，然后将所有的知识在按顺序“逐个击破”的基础上，对历史知识进行串联，进一步把教材中涵盖的各个知识点由零碎的分布转换为一个系统的结构，再进行记忆。

将知识的点、面完美地结合起来进行记忆，不仅有利于对所学历史知识理解的深化，更有效地提高和巩固记忆效果，使记忆可以“一条线能穿一大串，牢记一大片”。

人都有遗忘的本能，如果知识对大脑的刺激零碎、无序，那么，许久以后这些零碎的记忆就很可能作为无效的信息被大脑遗忘。因此如何让知识更系统，就成了我们迫不及待应该做的事。

对于“记”和“忆”来说，它们就像两个必须交错进行的个体，有“记”就一定要有“忆”，只有“系统”地“记”才能为更好的“忆”提供最大的便利。

就像我们收拾房子一样，只有将所有的物品按一定的顺序摆放，并且对所有的摆放顺序拥有整体的印象，当我们找某件物品时，才能更快速、更准确地就将它找出来。

在我们的学习记忆当中，道理也同样如此。因为，虽然我们需要记忆的知识种类繁多、内容广泛，但所有的知识之间都存在着一定的联系。

“系统”记忆法不仅可以有效地提高人们的记忆效果，更可以帮助人们不断地完善和检索已有的知识结构。那么，怎样才能更好地使用“系统”记忆法呢?

我们可以参考以下几种方法：

（1）将需要记忆的知识系统化、条理化，使之构成一个完整的整体，有助于我们使用“系统”记忆法

一般零碎、分散的知识往往都不容易记忆，即使记住了，也难以长久地保持。而系统性、有条理性的知识就比较好记忆，也容易长时间地保持在人脑中。

因此，在面对零散、无系统性的识记知识时，首先，我们要鸟瞰全局，要准确地掌握知识间的脉络，掌握知识间的轮廓。然后根据知识间所存在的内在联系，对其进行加工、整理，使之系统化、条理化，这样才能更有效地使用“系统”记忆法，来提高自己的记忆效果。

（2）利用举例、列表等方法帮助“系统”地记忆

为达到一个更好地系统记忆的效果，我们可以利用举例、列表等方式，将需要记忆的知识进行纵连横比，使知识归类，然

后形成系统，让自己直观地感受到系统的结构，进行“系统”地记忆。

众所周知，一盘零碎的珠子很容易丢失，但如果我们用一根线将所有的珠子都串起来，不仅不会丢失，更会抓起一颗珠子就可以提起一大串珠子。“系统”记忆法也是如此。好的记忆方法就像是串珠子用的线一样，将零碎的知识变得更系统化、条理化。使之在脑海中留下深刻的印象，提高记忆效果，让知识记得更快、更准、更牢。

12. “概括”记忆法：简化了记忆知识

所谓的“概括”记忆法，就是在对识记材料有了充分理解、分析的基础上，进行系统地总结和高度地概括，从而提炼出关键内容进行记忆的方法。这种记忆法尤其适用于记忆那些内容比较复杂、系统但又深奥的知识。

“概括”记忆法的记忆要旨在于提炼与综合识记材料的关键内容，把它们转换成为一个或者一组易于为大脑接收、储存和提取的且简明扼要的“信息符号”。

这种方法简化了记忆知识，大大减轻了记忆负担，提高了记忆效率，因此可以说是一种较为有效的、能在短期内就见到效果的记忆方法。

智力的核心是思维，而思维最显著的特性就是概括性。因为思维的概括过程在本质上就是一个由个别到一般的过程。而概括的结果则有利于人们触类旁通，举一反三，形成知识的自我迁移能力。这些对于思维的发展与进步，有着极其重要的意义。

而记忆，作为思维的重要表现形式，同样离不开概括。概括，就是在理解、分析了感性材料的基础上，经过大脑的思维加工后进行的包括去伪存真、去粗取精、由表及里、由此及彼等等一系列的思维活动。在这一系列的思维活动中，大脑在认识上发生了质的突变。究其原因，是因为通过思维的概括活动，人们抓住了事物的全貌、本质，把握了事物之间的内在联系、本质联系，认清楚了事物变化的规律性。而在记忆过程中，一个人思维的概括能力有着极其重要的意义。因为在概括过程中，需要人们进行积极的思维活动，而且只有经过充分地思考、研究，人们才有可能提炼出事物的精髓。这就像制作压缩饼干似的，在简化和提炼原材料的过程中，会一步步地提高对材料的认识，逐步加深对原材料的理解，从而使自己能站在抽象思维的高度上，高瞻远瞩地从整体上把握材料的精髓。

所以，有人把经过概括总结而整理的新材料，称为知识的结晶体。而经过这样一个思维过程，得到的概括结果，是最宜于记忆的。

在知识概括中，人们需要进行多次筛选活动。因为只有经过认真的筛选、挑拣，才能像从沙子里淘金一样，提炼出事物的精髓。而且在识记时，很多材料的内容都过于烦琐、庞杂，篇幅也较为冗长，而要一个一个地全部记住，却实在没有必要，也没有意义。所以，我们在记忆这种识记材料时，大可以先进行一番删繁就简、择精选萃地概括，然后在此基础上进行记忆。这样就能使识记材料在相对数量上减少许多，从而大大减轻记忆负担，显著提高记忆效果。

人的记忆虽然有很大潜力，但是，却不可能见到什么就记住什么，更不可能见到多少就记住多少，而且事实上这样的记忆程度，不仅在客观上是不可能实现的，而且也是不科学的。

那么，面对那些不可计数的记忆材料，我们应该怎么做，才能记住更多呢？

有句话说得好，“有所失才有所得”，其实记忆也一样，忽略记忆那些不必要的，多记忆那些重要的，才能记住的更多。换句话说，就是有所简化才能有所强化。因为虽然在简化记忆材料的同时，我们会失去一些东西，但是因为我们先提炼出了其中的关键部分、精华部分，然后才进行综合概括记忆，使这些记忆材料形成一个或者一组简单的便于大脑接收、储存和提取的“信息符号”的，所以即便在提炼过程中失去了一些内容，也是有意义的，也是值得的。

那么，“概括”记忆的具体方法通常有哪些呢？

（1）数字概括法

这是一种用数字概括事实、内容或者语句以增强记忆的方法。比如我们平时经常说的“三从四德”“三纲五常”“四书五经”等等，都是人们通过概括而提炼出来的记忆内容。

（2）顺序概括法

这是按照需要识记的事实材料的顺序进行识记的一种概括记忆法。比如历史上发生的各种事件、签订的各种条约条款以及历朝历代变法改革的内容，都可以按照这种方法进行简化、概括，进而用词语顺序记忆。比如“王安石变法”的主要内容，本来变法的五项内容是：①青苗法；②募役法；③农田水利法；④方田均税法；⑤保甲法。但是在记忆时，可以按顺序概括为“一青二募三农四方五保”。只要记住这10个字，就可以帮助自己回忆起全部内容。

（3）缩略概括法

在记忆知识材料中，用心寻找起关键性作用的字词，并以此为“媒介”，以点带面地进行思考、记忆，这就是缩略概括法。

比如记忆化学知识中的“氧化—还原”反应时，只要先搞清楚电子的得失与“氧化—还原”的关系，再判断出哪种物质是氧化剂，哪种物质是还原剂，就可以很容易地用“失—氧—还”3个字，作为缩略结构进行记忆了，因为失电子的物质—氧化后—该物质就是还原剂。

这样，只要记住“失”“氧”“还”三个关键字，就可以作为提示，引起对整个意思的联想。

另外，有些较为复杂的固定词组、名称、概念或者成串知识，也可以进行这样的缩略，把其简化为代称，比如“美利坚合众国”，可以用“美国”概括记忆。

（4）内容概括法

篇幅较大的识记材料，往往洋洋洒洒有“万言”，内容庞杂多变，要想在短时间内牢固地记住，简直比登天还难。然而，有时事实却要求我们必须在较短的时间内记住它们，这怎么办？对于这样的知识，最好的记忆方法，就是抓住其核心内容，提炼出要点，然后选择关键性字词、语句，进行重点记忆。

比如，一篇长论文的“内容介绍”和章节目录，一篇文章、一段事实的记载，都可运用关键性字词、语句进行缩写或者概括，使其化多为少，化繁为简，浓缩为精华，帮助加深理解，启发回忆。

（5）主题概括法

读一本书，学一篇文章，看一道题目，都需要把握它的主旨，理解其中丰富的思想内涵以及作者的写作特点。因为如果能够抓住文章的纲线，再把主要内容、关键要点系统完整而又概括性强地串联在一起，理解起来就轻松多了，记忆时也会省力很多。

自然，这些方法在实际具体应用时，并不一定总是泾渭分明的，但是在许多情况下，综合运用这些记忆手段，确实可以取得比单独使用好很多的记忆效果。所以，在实践中，应该以记忆为宗旨，灵活地运用这些方法为记忆知识服务。

13. “归纳”记忆法：分门别类更易记

所谓的“归纳记忆”，是在记忆之前，先把识记内容按照不同的属性、类别加以归纳，然后分门别类地记住这些内容及其属性。美国著名记忆学家杰罗姆曾经说过：“人类记忆的首要问题不是储存，而是检索。”意思是说，人们只有把零散、杂乱无章地储存于大脑中的东西系统化，进行分析、归纳、编排和总结，才能真正把这些知识纳入头脑中已有的知识结构和记忆网络中去，这样才会把这些记忆内容娴熟地记在心里，永远不会遗忘，而且在运用时才能够灵活自如地调遣。

这种对零散、杂乱的知识进行排队、归类、总结和推理的记忆方法，就是我们现在要谈论的“归纳记忆”法，它可以让很多看起来毫无关联的知识归结在一起，进行系统性记忆。

零散、无系统的知识很难记准、记牢，但是如果能够把那些零散、缺乏系统性的知识，进行归纳，使之系统化，在大脑中形成一个完整的、枝繁叶茂的知识树或者记忆网络，就可以从很远的地方看清楚它，并且轻易地记住它。

实际上，整个知识本身就是一个大系统，里面包含着许多特点各异却又互相联系的小系统，诸如语文知识系统、数学知识系统、历史知识系统、化学知识系统等等。如果在预习、学习和复习时，能够把整个知识系统分解成许多个小系统，然后把这些小系统看作一个个相对独立的“整体”，并根据这些整体的特点，由表及里，由浅入深，由简单到复杂地对每个小“整体”进行有条理、有系统地学习、记忆，最后再把它们相互联系起来，融会贯通地掌握，就能紧密地连接起整个知识体系，那么我们就能居高临下地审视自己的知识结构、特点和缺陷，从而对症下药地进行补救记忆。所以说，对学过的知识及时进行归纳总结，是一种非常不错的记忆方法。

俗话说得好：“拾到篮子里才是菜。”意思是说，虽然知识有很多，但是你只有记住了，才是自己的，才对自己有用。因此，你必须想方设法地记住知识，必须找到好的记忆方法帮助自己加强记忆。

可见，归纳法在加强人的记忆方面确实有不错的效果。那么，在实践中我们需要采用什么具体的方法，帮助自己进行记忆辅助呢？

（1）同质归纳法

同质归纳法就是把性质相同或者相近的事件，按照某一共同属性归纳在一起进行记忆。比如对于几篇议论文，如果其中的叙述性内容全是事实论据，都使用了举例论证法，均有“提供事实论据，证明中心论点”的特点，那么这些议论文，就可以归纳在一起进行记忆。

（2）空间归纳法

空间归纳法就是把发生在不同时期的分散的事件或者知识，按照同一空间区域归纳在一起进行记忆。比如中国古代中央政权在西北设立的管理机构——西汉和东汉的西域都护、唐朝的安西都护府和北庭都护府、清朝的伊犁将军，就可以归纳在一起进行记忆。

（3）时间归纳法

时间归纳法，就是把发生在同一时间内的事件、写于同一时代背景内的文章集中在一起进行记忆。如历史科目中，可以把发生在每个朝代的重大历史实践归纳在一起；语文科目中，可以把某个作者或者多个作者写于同一时代的文章归纳在一起进行分析、理解和记忆。

（4）问题归纳法

历史上有许多围绕同一中心问题而发生的事件，问题归纳法就是以其“中心问题”为纽带，将各历史事件归纳在一起形成知识专题。

（5）逻辑归纳法

逻辑归纳法是指通过对同类事件、文章的共性分析，找出或者分析出此类问题的一般共性或者规律来进行记忆的方法。比如总结世界上各个主要资本主义国家经济发展的原因时，就会发现它们尽管有很大不同，但是却存在一些共性。因此，记忆时，就可以把这些影响其经济发展的共性——政治、市场、资金、科技、劳动力、资源六方面的因素，归纳在一起进行系统记忆。这样记忆起来就不会出现遗漏和混淆。

（6）数字归纳法

数字归纳法，就是通过对分散历史知识点的共性总结，用一个或者几个数字符号来归纳，然后进行记忆的方法。

归纳法简洁、清晰，但在运用时，我们一定要随时注意进行归纳，这样才能及时抓住知识间的联系，趁热打铁地进行记忆，从而使知识记忆得更准确、牢固。

◎ 爱玩爱活动的人记忆力强

人的躯体活动能改善健康情况，精神活动则能减轻记忆力衰退。特别是那些爱玩爱活动的人兴趣广泛，涉猎众多，知识面广，记忆也强。科学证明：跳舞、读书、玩纸牌、学外语等活动项目都能在不同程度上增加神经突触的数目，增强神经细胞间的信号传导，巩固记忆。

14. “背诵”记忆法：最准确的记忆

所谓的“背诵”记忆法，是指对客观事物按照固定次序，不分轻重主次，毫无遗漏地记忆的方法。这是一种特殊的记忆方法，尤其适用于那些重要的非记不可的知识的记忆。作为一种记忆法，背诵最主要的一点就是要求记住的内容必须与原文丝毫不差。因此，这是一种较为常用而又非常特殊的记忆方法。

通常，我们检验或者评价一个人记忆力的好坏，最重要的指标就是看它记忆的东西是否正确。如果记得不准，即便他记得再快、再多，我们也不会说他的记性好。因为如果记忆的东西有失正确，是没有实际意义的。

而且在我们日常的生活、学习、工作当中，存在着大量的知识、信息，需要我们一字不差地记住，比如人名、地名、物品名称或者电话号码、专业数据等等，如果记得前后颠倒，丢三落四，那就失去或者改变了它们的本来意义，最终无法正确地运用它们与人进行相互交流。

另外，背诵对于培养一个人的文学修养是非常重要的。特别是对学生，应该注意加强在朗读和背诵方面的训练，以便强化记忆，增进文学修养，同时还可以提高自身的语言表达能力，为今后的写作、社交打下坚实的基础。

作为古老而又不得不采用的记忆方法，背诵一般分为两种，即机械的背诵和理解的背诵，前者是在不理解材料意义的情况下，借助字词单纯反复记忆的一种方法。一般来说，小学生机械记忆的能力比较发达，所以他们即便不理解记忆材料的意义，也能很容易地把它们背诵出来。而理解的背诵，则是在理解材料意义的前提下，借助反复复习进行记忆的一种方法。一般说来，中学生和大学生理解记忆的能力比较强，所以他们在背诵某项内容时，多会先理解意义，然后再进行记忆，而不会像小学生那样呆读死背。

在记忆活动中，背诵有着非常重要的意义，主要表现为两点：一是可以牢固而精确地掌握某种知识；二是背诵的东西越多，我们的知识就会越丰富，我们的能力也会越强。正所谓“熟读唐诗三百首，不会做诗也会吟”。

俄国文豪列夫·托尔斯泰说过“背诵是记忆力的体操”。因为在他看来，背诵已经不仅是一种有效的记忆方法，还能培养和锻炼人的记忆能力，而且他自己之所以博闻强记，并不是因为他有

"特异功能"，而是因为他坚持每天做"记忆力体操"。每天早晨起床后他都会背诵一些必须记住的知识，这就使他知道的知识越来越多，变得博学多闻起来。

由此可见，重复的刺激有助于建立和强化条件反射。而实践也证明，人的记忆力和人的肌肉一样，只有锻炼才能增强，而懒于记忆、从不背诵的人，是不可能拥有好的记忆力的。

"善于背诵的人，往往拥有惊人的记忆力"，因为背诵可以使人精确、牢固地掌握一些重要的知识。试想律师在法庭辩论阶段时，要现查书寻找最基本的法条；老师教学生背古诗词时忘了原句，去翻课本。这种局面，会多尴尬，对于前者来说，甚至会耽误大事。因此，对于最基本、最重要的知识，必须牢牢记住，达到熟练背诵，甚至脱口而出的程度，否则知识再渊博，到关键时刻提取不出来，也是白费劲。

古往今来，有些人之所以成为伟人，拥有渊博的知识，大多与他们善于背诵的记忆力有关。所以我国古代的先哲们，向来都是先背诵完四书五经或者唐诗宋词之后，才去做自己的学问，并且正是因为有了这些文化底蕴，他们才创造出瞩目的成就。

对于背诵，我们都要有足够的重视；对于"背诵"记忆法，则一定要认真学习，并且经常运用。

有技巧性地背诵，才能真正准而久地记住识记内容，那么我们应该采取怎样的方法进行背诵呢？

（1）"剥洋葱"背诵法

这是一种最常用的记忆方法。如果想记住一篇课文或者一段文字，首先要弄懂它的意思，搞清楚它讲了什么，分几层讲的，每层讲了什么；了解了这些后，再反复读几遍，就能加深对这些知识的印象，甚至较为容易地背出来。

所以在背诵一些需要丝毫不差地记住的东西时，可以先把它们按照意思分段落，把较长的段落再细分为若干个小层次，然后在理解意思的基础上，细读两三遍，接着再逐层逐段地试着背，如果感觉有困难，就再继续理解、继续读，如此逐层逐段地背诵，直到背诵完全文为止。

（2）图文转换记忆法

如果在理解的基础上，把一段抽象的语言文字转换成形象的图像信息，储存在大脑里，就会发现记忆起来，效果要好很多。因为在记忆的过程中，你要反复地弄清楚图的上方、下方、前、后、左、右、远、近各是些什么，然后整篇又是什么，之后再闭上眼睛慢慢默默地想或者读，这样图像就会清晰而牢固地储存在大脑里了。使用这种方法背诵，不仅记忆深刻，长久不忘，还能培养我们丰富的想象力。

（3）熟读背诵记忆法

一遍一遍地朗读，也是有利于记忆的。因为在读的过程中，人的听觉、视觉和思维都在工作，并且无意识地把读的内容储存在大脑里。

明末清初的著名文学家叶奕绳就是靠熟读背诵了许多名篇警句，后来成为文学家的。他给朋友介绍经验时说："有些人书读得不少，可就是不肯细细咀嚼，蜻蜓点水，浮光掠影，用不了几天，又全忘了，肚子里还是空空的，倒不如采用这种笨办法。"

可见，熟读背诵在某些时候也能发挥出意想不到的威力。

（4）少读多忆法

在记忆材料时，适当延长用于尝试回忆的时间，有利于增强记忆效果。而且读完材料一两遍后，及时尝试着进行回忆，比读完三四遍以后再进行尝试回忆的效果要好，而且这种记忆法尤其适用于记忆那种相对无意义的、需要机械记忆的材料。此外，采用尝试回忆法记忆这种材料，要比记忆那些有意义的、需要理解记忆的材料，效果要好。

（5）重点词句连接法

在背诵中，经常会出现这样的情况：本来一段材料或者一篇文章，已经背得滚瓜烂熟了，可是却突然在一些词上卡住了，接不下去了。这些词，包括关联词、新学的词和重点词。但是，在你缴尽脑汁都想不出来的关键时刻，只要有人提示你一下，你就能很快接上去，顺利地背诵完。

这种情况，就给了我们一个记忆方法的小提示。这说明记住某些关联词、新词、重点词，可以在一定程度上增强记忆效果。所以，如果记住记忆材料中的某些重点的词句，并且把它们穿成一条珠线，并且在背诵时，想着这条线回忆、背诵，就很容易地背出全部记忆内容来。

所以，在背诵时，我们不妨试用以下这种方法：阅读第一、第二遍的过程中，有意识地找出各部分材料之间的逻辑联系，并且确定几个重点句、重点词，以此作为线索，进行回忆。然后，再找出重点的词句与其他内容的联系，加强记忆。这样背诵时，就可以借助重点的词句，把各部分的片断材料，连接在一起了。

（6）限时诵读记忆法

这是一种带有强迫性的记忆方法，目的在于通过逼迫自己短时间内高度集中注意力，加快记忆信息输入大脑的速度，进而获得强烈的印象，达到记忆目的。

具体运用中，就是在朗读、背诵时，都给自己限定一定的时间、规定一定的背诵数量。比如，规定一分钟背一段文章，三分钟内读两遍文章。在读时，逐步加快速度，开始时慢点，然后一步步地加快，再到特快，当然在追求快的同时，不要乱，不要出错。这样，才能达到更好的记忆效果。

然而，不管使用哪种背诵方法进行记忆，要想收到显著效果，都应该注意以下方面：

（1）明确目标

有人做过一个实验：让 A、B 两组学生一起诵读同一篇课文。对于 A 组学生，实验者要求他们必须背下这篇课文，而对 B 组学生，则没有提出一点要求。结果，A 组学生的记忆效率比 B 组高很多。究其原因，则是明确目标以后，人们会产生一种精神振奋的感觉，让大脑细胞积极活动起来，形成了有利于记忆的"兴奋"。

所以，在背诵时，明确自己的记忆任务对于提升记忆效果，是有一定价值的。

（2）初步理解

不管采用哪种方法背诵，首要的一点都是先理解再背诵，而不能生记硬背，否则即便记住了，也会回生的。但是由于知识水平、理解能力不同，我们不可能一下子就把识记材料理解透，所以背诵可以在初步理解的基础上进行。

但是有的人懒得动脑筋，而是习惯照本宣科地背。其实，这种方法根本不利于记忆，比如唐诗宋词的记忆。这些诗词，大多文字艰涩、典故生僻，如果不先弄明白诗句的基本涵义，背起来就非常难，而且即便很快记住了，也是暂时性的，很容易忘记。

（3）出声朗读

背诵时，眼睛看字，耳朵听声，口中发音，大脑思考，多种感官同时工作，这样记忆才会产生最好的效果。其实，早在宋代，著名学者朱熹就曾说过，"凡读书，需要读得字字响亮，不可误一字，不可牵强暗记”，而要“逐字玩味，反复精详，舒缓不迫，字字分明”。这样，才能深刻领会材料的意义、气韵、节奏等，产生“立体记忆”的效果。

在诸多记忆方法中，“背诵”记忆法虽然有呆板、枯燥的一面，但是也有技巧的一面，并且仍然是我们需要掌握的，也确实能够牢记许多知识。

◎ 背诵经典提高记忆

我们常常在看书和学习中甚至是休闲时会经常背诵一些名篇、成语、佳句、诗歌短文、数理公式、外文单词和技术要领知识。那可是锻炼记忆力的“硬功夫”呀。马克思青年时就是用不熟练的外文背诵诗歌，锻炼自己的记忆力的。每天坚持 10 ~ 20 分钟的背诵，也能增进记忆力。

15. “限时”记忆法：培养“记住”的紧迫感

有一些人抱怨自己的记性太差，其中一部分原因在于缺乏强大的学习动力，不善于给自己提出具体的学习任务。这类人在记忆时没有“一定要记住”的紧迫感，注意力不容易集中，记忆效果很差。针对这种情况，我们可以采用限时记忆法来帮助自己提升记忆效果。

限时记忆法是强制记忆法的一种，也叫快速记忆法、瞬间记忆法。即在记忆知识时，我们要先明确记忆的目标和数量，限定时间让自己快速识记。

限时记忆法虽然存储时间短，但在记忆过程中发挥了主要的作用。在限时记忆的基础上，我们通过联想和回忆，可以转化为长久记忆，从而提高记忆知识的效率。

限时记忆法还有一个最大的好处，那就是我们为了能在限定的时间内快速记忆，自己就会去努力寻找记忆的诀窍。比如，变机械记忆为理解记忆，在理解的基础上快速记忆。

限时记忆法可以让我们产生强烈的有意记忆意识，自己给自己下达“死命令”，从而更快记住要记忆的内容。

某老师老师曾经做过这样的实验，在教小学六年制语文第九册《我的伯父鲁迅先生》的识字课时，先按常规的教法给全班学生教授了生字、新词共 12 个，然后把全班学生分成条件相等的甲、乙两组。

老师要求甲组的学生在课堂上把每个词语抄 3 遍，并当堂听写一遍，回家不留作业；要求乙组的学生上堂不记生字、新词，只回家把每个词语写 6 遍。

第二天上语文课时，老师给甲、乙两组学生同时听写，甲组的正确率高于乙组。一周以后，老师又给两组学生进行第二次听写，结果仍然是甲组的正确率高于乙组。

为了避免数据的偶然性，老师让甲、乙两组对换练习，并且还在另外的 5 个班进行同样的试验。结果表明，虽然数据略有出入，但被要求当堂限时记忆的学生比回家记忆的学生正确率要高。

从试验中我们不难看出，当老师给学生们限定了明确的时间和指定了明确的记忆内容后，学生们都能集中注意力去记忆。这时，学生们的精神处于高度紧张中，这也是他们真正用心的时刻。

从中我们不难看出，当学生们的记忆任务明确、目的端正，并有一定紧迫感时，就会发掘出自己的各种潜力，从而取得较好的记忆效果。

那么，我们应该如何运用限时记忆来提高记忆效果呢?

（1）限定时间的同时指出明确的目标

限时记忆的时间很短，我们在限定时间的同时，要给自己指出明确的记忆目标。只有目标明确，记忆才能落到实处。

（2）限时后适当测验

在限定时间记忆时，一定要提出即时测验的要求。否则我们就没有“记住”的紧迫感了，从而影响记忆效果。

（3）限时记忆时要有分层要求

由于每个人的智力存在一定的差异，因此接受新事物的快慢也有差异，这是自然的、正常的。无数事实证明，限时记忆是短时记忆和长时记忆的基础。有了限时记忆，短时记忆和长时记忆就容易多了。

16. “首次印象”记忆法：给学生正确、鲜明的第一印象

“首次印象”记忆法即利用我们首次感知事物的强度、精度、深度、广度等，来提高识记的效率。著名生物学家达尔文曾经做过一个动物实验；动物有第一眼印象的特性——如果让刚刚出生的小鸡们第一眼看到的是鸭妈妈，而不是鸡妈妈的话，小鸡们就

会把鸭妈妈认作自己的妈妈，而对鸡妈妈就很陌生。其实，人类的大脑也有这个效应。当我们刚刚接触到新的知识时，对这些新知识的第一印象会很深刻，而且对以后运用这些知识也会起到十分深远的影响。

我们应该重视首次印象，当遇到新的知识时，一定要给自己一个鲜明、正确、牢固的第一印象，这不但会使我们记得牢固，还会使后续的记忆更加顺畅和轻松。

法国心理学家艾宾浩斯在《论记忆》一书中说："保护和复现在很大程度上依赖于有关的心理活动第一次出现时注意和兴趣的强度。在第一次生动鲜明的经验以后，被烫伤的儿童就避火，挨了打的狗见了鞭子就逃。"

这段话说明了首次感知在记忆过程中具有的重要影响。我们对事物的认识因受个人经验的影响，不可避免地带有主观色彩，从首次印象中获得的材料准确、生动、鲜明，在记忆过程中有重要的意义。而要改正"先入为主"的错误概念，我们即使重复多次也难以消除已造成的模糊印象。

有些人认为，加深记忆是复习时的事情，殊不知，我们在第一次接触新知识时会产生强烈的印象。如果在此环节没有重视，或让我们的认知出现了偏差而不纠正，就会在很长一段时间都保留错误的印象，以后再纠正起来就很困难。反之，我们如果重视这一环节，就会让自己记忆深刻。

前苏联教育家赞科夫总结说："第一次阅读课文或者第一次感知直观事物，对于把材料牢固地保持在记忆里具有重大的意义。"从大脑神经的活动规律讲，记忆的保持和人们对事物的认识一样，具有"先入为主"的特点。所以，人们对首次印象和最初见解的记忆总是较为持久，而且不需要多次重复也能保持长久，乃至终身不忘。

人在首次感知新知识时，进入大脑的信息可以不受前摄抑制的干扰，长驱直入，在大脑皮层上刻下深深的印记。如果首次感知不准确，造成的不良后果在短期内难以清除。我们在接触、学习新知识时，要最大限度地调动自己的积极性，同时一定要注意突出容易忽视的部分、容易混淆的部分、容易产生误区的部分，使我们在第一次接触新知识时，就能有正确的印象。

大量教学实践证明，准确、生动、鲜明的首次感知，可以大大降低人们对知识的遗忘程度。因此，重视强化首次感知，不失为一种提高记忆效果的好方法。

那么，应该如何通过首次印象提高记忆效果呢？具体做法如下：

（1）精细观察

我们在向大脑输送新的信息时，一定要努力增加其强度，尤其要注意识记材料中的抽象概念和疑难问题，要注意进行精细的观察。

比如，有一位老师在教学生们识字时，先在黑板上写了“今”“折”“氏”3个字。然后在每个字上用红粉笔添了一点，构成了“令”“拆”“氐”3个字。这位老师先让学生们仔细观察这3组字，将它们做对比，然后告诉学生们，“点令不点今，点拆不点折，点氐不点氏”。这一下子就给学生们留下了深刻的首次印象。

（2）高度注意

我们对高度注意的事情，会在脑海里留下深刻的印象；反之，对漫不经心的事情，就难以留下印象。比如，学生们手捧着书，眼睛盯着书看，但看了几分钟后，老师们提问他们书上那几段写了什么，常常会有学生一点也答不上来。这就是心不在焉的缘故。

因此，用首次印象加深记忆，就应该集中自己的注意力，让注意力全神贯注地集中于获取新知上。

（3）突出所授新知的特点

一般来说，凡是在同类事物中特点突出的事物，都会使人们感到新奇，也会使人们印象深刻。因此，我们在学习新知时，要注意提炼新知识的特点。把必须记住的部分表现出来，把次要的部分淡化。当二者形成鲜明的对比时，就会突出识记材料的特点，使我们获得深刻的首次印象。

（4）反复强调

对于比较重要的新知识，我们不妨反复地阅读，这样能加深我们的首次印象。

总而言之，强烈、准确、鲜明的首次印象，会在我们的脑海里打上深深的烙印，这是其他一些方法无法比拟的，也是首次印象记忆法的优势。

17. “情境”记忆法：把所见与所学完美结合

情境在记忆活动中自始至终起着作用，直接或者间接地影响着记忆效果。因为体验情境的过程中，会让人产生积极的情感体验，而这种积极的体验对识记的数量、速度和持久性都会产生好的影响。

人在愉快、心境平和时，就会比较容易追忆过去的情景；反之，沮丧、无精打采的情绪，则会抑制人脑的再现和再认功能。同时，如果一个人具有高级的积极情感，就会产生旺盛的求知欲，刻苦地学习，进行有意识地记忆。反之，则会当一天和尚撞一天钟，这样自然激发不出学习兴趣，而知识也就不会在他头脑里生根发芽。

另外，关于情感与记忆的关系，有位心理学家这样说："热情是记忆的原动力，良好的心境是进行记忆的保证，自信感有助于记忆力的增强，紧迫感能够加速记忆的进程，趣味感是记忆力的促进剂。"

"情境"记忆法，是一种帮助人们把所学的知识与情境中的所见完美结合起来的记忆方法，对加深记忆印象方面，有着非常不错的效果。

情境记忆，是突出知识特点，加深知识印象的最好方式之一。因为一个知识点要让我们记住，并不一定要透过文字，有时一个标志，一句广告语，或者是一段琅琅上口的歌曲广告，抑或是一幅画面，都可以帮助我们产生记忆。因为在这些图像或者情境故事中，我们更容易被刺激，从而产生好感，产生记忆点。因此，许多记忆学专家都认为情境是增强记忆效果的绝佳方法。

在课堂教学中，学生们的心理状态难免出现"动荡"，对此，有些老师就借此创设适当的教学情境，来加深学生对所学内容的记忆。

通过情境增强记忆效果的具体方法有很多，诸如利用插图和卡片创造情境，选择真实事例创造情境，等等。而且不管哪种方法，都能激发我们积极的学习情感，这样自觉地学习，自然能够让我们记住更多的东西。所以，在实践中，我们应该尽可能地进入某种情境，让自己愉快地学习和记忆知识内容。

18. “与物联系”法：利用生活巩固知识

“与物联系”法，即将生活中常见的事情、事物与需要记忆的内容相结合、相联系，将枯燥的知识注入生活的气息，化抽象为形象，利用生活中的事物巩固所学的知识，使人的记忆更加牢固。

知识来源于生活，更应该在生活中去理解、巩固、强化、加深记忆。实践证明，将识记的内容与生活中常见的事物联系在一起，能有效地提高我们的记忆效果。应该创设与生活环境、知识背景密切相关的情景，在熟悉的场景中反复运用已学过的知识，强化我们的记忆。联系生活中常见的事情、事物去记忆所学的知识。只有这样，才能激发记忆欲望，提高记忆效果。

我们将知识与生活中的事物相联系时，应注意以下几个要点：

（1）所联系的事物要与我们的生活背景相近

我们的学习内容和我们的生活背景越相近，记忆得就越牢固。

比如，学校组织春游的时候，语文老师可以联系当地的景色，让学生们重温学过的古诗词；历史老师可以结合当地的历史，让学生们了解书中的哪些历史就是这里发生的，以加深他们的记忆。

（2）所联系的事物要是自己感兴趣的

有时候，我们联系的事物虽然接近我们的生活背景，但却不是我们所感兴趣的。这种联系也起不到最好的效果。

所以，我们在联系生活中的事物时，一定要选择自己感兴趣的，寓知识于自己喜闻乐见的生活现实，使抽象、枯燥、乏味的知识变得生动有趣，增强对知识的亲切感，激发记忆的欲望。

（3）突出重点，防止形式化

在联系生活中的事情、事物时，一定要突出重点，去掉不必要的枝蔓，要对实际的问题情境进行简化和模拟。

在日常生活中，通过触觉所得到的一些体验，会在大脑中留下深刻的记忆。如果能将生活中的事情、事物与知识联系在一起，就能使我们快速地记住相关的知识，并相对长久地留在脑海中。

我们应该如何运用“与物联系”法提高记忆效果呢？下面我们给出以下简要的方法，供各位参考。

运用所学知识分析生活中的实际问题。

比如，某地爆发了一种传染病毒。它的传播原因之一是当地人很少使用地漏排泄地面上的污水，这造成了与卫生间地漏相连的U形存水弯头中没有存满足够的水，有的甚至是干的，因此不能正常发挥作用。

某物理老师就利用这个生活中的问题帮学生们巩固知识，他请学生们从物理学的角度对上述事件的原因做出简要分析。

而学生们经过思考，运用学过的知识得出如下结论：U形存水弯头是一个连通器，正常使用时，U形管中会暂留一部分水，这样就可以把地漏与下水道的空气隔开。而如果没有正常使用，U形水弯头内就没有存满足够的水，甚至是干的，就使得住户卫生间的地漏与室外下水道相通，以致带有病毒的空气或小水滴进入下水道后，通过 U 形弯头进入其他住户的卫生间，从而造成病毒大面积传播。

问题紧扣生活实际，让我们感到学而有用。当我们感觉知识有切实的作用时，自然就会主动去记忆。

◎ 知识不能离开实践

“纸上得来终觉浅，绝知此事要躬行。”其实从记忆的角度讲，又何尝不是这样？从书本上学来的知识毕竟是肤浅、空洞的，要想透彻、深刻地了解、记忆某件事，必须经过亲身实践。

19. “重复”记忆法：对健忘的人最有效

所谓的“重复”记忆法，是指对于那些因健忘而导致记忆出错的人，采用把记忆内容连续重复或者隔一段时间后再重复学习的方法，帮助其加强记忆，从而实现长久保持正确记忆的方法。这种记忆法的高明之处就在于通过反复的重复学习，帮助健忘的人反复查看、回忆识记内容，从而修正因健忘而导致的出错记忆。

健忘之人的记忆特点，就是经常因健忘而丢三落四，出现记忆断层或者记忆内容不准确，容易与其他类似知识相互混淆的情况。对于这种记忆错误，最好的解决办法就是，反复提醒，让自己在不断地重复中查漏补缺，从而形成牢固而正确的记忆。

有篇报道讲:20世纪50年代末，有个男人越狱逃往深山隐居。当30年后，人们再次找到他时，却发现他已经连最简单的话都不会说了。这在记忆的层次上说明了什么？说明记忆的深浅，不仅与所受刺激的强弱有关，更与重复的次数有直接关系，而且在一定条件下，重复的次数越多，对所记内容的记忆就越深刻。

重复是记忆之母。在80多岁高龄时，我国著名的桥梁专家茅以升还能熟练地背诵圆周率小数点后100位以内的数字。当有人请教他的记忆诀窍时，茅老先生却给出了几个简单的字作为回答。他说："重复！重复！再重复！"

明末清初的著名学者顾炎武，可以熟练地背诵近15万字的《十三经》。而其记忆方法，我们根据《先正读书诀》所记载的——亭林（即顾炎武）《十三经》尽皆背诵，每年用3个月温故，余月用以知新，可见一斑。所以说，顾炎武能够如此高度准确地记忆大容量的知识，在很大程度上就是取决于其采用了重复记忆法。

重复记忆，绝不是简单地机械重复，而是科学重复。简单地说，就是采用正确的程序、方法、手段进行重复。这种重复，可以提高学习效率，增强记忆效果。但是这里所说的"科学地重复"，并不意味着形成了一个新的过程，而是一个已形成过程的有创见的重演，其重要意义在于在已有基础上"巩固建筑物"，而不是去维修，去"修补已经倒塌了的建筑物"。

知识只有经过重复，才能产生深刻的印象。没有重复，就没有记忆。所以，在学习和记忆的过程中，一定要明晰重复的重要意义，掌握重复的技巧。

需要注意的是，学习阶段不同，重复的作用也不尽相同。比如刚刚接受新知识时，进行重复记忆，是为了加深印象，否则学过的知识就只能留下较浅的印象，是不利于长久准确记忆的。这就像一辆汽车，如果没有刹车，就必须一直开到坡顶，才能停稳当；如果在半坡上熄火，很容易就滑下来了，导致前功尽弃。所以，“重复好像发动机，应该把记忆的载重车推上有利于保持信息的‘坡顶’再暂告歇息”。

巩固学过的知识时，也需要重复记忆。复习本身就是重复。有科学家曾经根据复习次数、时间间隔、淡忘速度这三者的关系，画了一条记忆曲线。结果发现重复的次数越多，遗忘得越慢；但是遗忘的速度是先快后慢，而不是简单地与时间间隔成正比。

关于后一点，德国著名的记忆心理学家艾宾浩斯曾经用记无意义音节的方法做过研究。他发现，熟记之后仅过一个小时，遗忘率就能达到 56%，两天后又继续遗忘了 16%，但是此后，遗忘速度开始大幅度放慢，直到一个星期后，虽然还有遗忘，但是遗忘率却大大降低，仅仅继续遗忘了 3%。

所以第一次重复记忆或者复习应该及时，比如在知识新接受的 12 小时以内进行第一次重复。此时的重复记忆，能够及时抓住记忆还比较清楚、大脑中记忆的信息量还多的时机，进行强化；之后的第二次重复时间间隔可以稍长，比如两天内；再往后，间隔可以更长点，比如一周、半月、一月……同时，重复记忆时，所用的时间也会依次缩短，最后可能只需要过一遍就可以。这样先重后轻、先密后疏地重复记忆，效果非常好。

虽然重复是记忆之母，但是利用重复的方法强化记忆，同样需要科学的技巧，否则就是在浪费时间，不利于对抗遗忘。所以，要在理解的基础上运用适合自己的方法进行重复记忆。

具体地说，重复的方法有很多，但是运用时需要因人而异。下面，我们根据经验，总结出了几种常用的重复技巧。

（1）及时重复法

在记忆时，应该及时重复，但是需要注意的是，重复的时间因人而异，也因内容的不同而不同。每个人都有与众不同的记忆素质，所以，对于同一储存在大脑中的信息，如果想继续保持下去，就必须按照自己的记忆素质，及时地进行重复记忆。

此外，由于贮存在脑中的信息的繁简难易不同，所以首次重复的时间还会受到个人对信息认知的陌生熟练的限制。

（2）适时交替法

在进行重复记忆时，如果总是长时间地重复同样的内容，大脑就会变得僵化、呆板，感觉记忆内容枯燥、无味。所以，为了改变这种思维状态，重复记忆时，可以选择一些其他的识记内容与要重复记忆的内容轮流着记忆，隔一段时间换一种。这样的记忆效果也不错。但是，最好换一些不容易混淆或者相互干扰的内容，否则记忆效果也会大打折扣。

（3）适度超量重复法

超量重复，是指当对某一识记内容达到最低限度的熟记时，继续重复回忆或者重复认知。通常，超量重复的最佳次数因人而异，（对同一信息，有的人超量重复百分之几，就能牢记，而有的人却需要超量重复百分之百），还因信息的繁杂、简单、陌生、熟练而不同。所以，采用超量重复记忆法时，需要根据自身的具体情况区别对待，其中最重要的就是总结出适合于自己的超量重复百分比，尤其是记忆重要的内容时，更应该采取适度超量重复的方法。

（4）“重点”重复法

重点重复，就是指进行重复记忆时，应该抓住重点，比如上次遗忘的部分，或者对于记忆整体知识有重要意义的部分。

前苏联的 N. M. 罗泽特认为：“每次重复都应深入理解上次疏忽了的难点。”而且经验表明，重复时，如果把脑力集中于上次遗忘的部分上，可以显著提高记忆效果，而如果平均使用脑力，把每个部分都当作重点，“眉毛胡子一把抓”地记忆，就等于没有抓住重点进行记忆，就不会取得良好的记忆效果。

（5）分散与集中结合重复法

经过实践检验，我们知道有些信息采用分散重复的方法得到的记忆效果，要优于集中复习；而像诗歌之类的识记内容，则最好集中重复。所以，对于识记内容，我们在进行重复记忆时，一定要先确定具体该采用哪种方式进行记忆。

（6）实践重复法

俗话说得好，“说一遍不如写一遍，写一遍不如做一遍”。换句话说，与听到和看到的事情相比，人们对于自己做过的事情，记得更牢固、准确。因此，对于一些知识，如果光靠用嘴、脑子、耳朵重复，效果不够理想的话，你可以尝试着用“手”去重复。

（7）换个角度重现识记内容

通常，大家都会选择适合自己的角度进行记忆，比如用朗读、书写的方法进行记忆。如果记忆得不够牢固或者准确时，就有必要进行重复记忆。此时，可以换一种角度重现识记材料。比如用不同的感官去感觉同一信息，变换顺序进行重复记忆，让需要记忆的信息重复出现在不同词语中，把数字信息转化为新的形式后再记忆，等等。

毫无疑问，重复是增强记忆的重要工具，而掌握良好的记忆方法就意味着将遗忘记忆的苦恼降低到最少。所以，我们应该在日常生活中，经常利用闲暇时间进行重复记忆，达到“一回生，二回熟”的记忆效果。

◎ 身心运用记忆效率高

科学证明，正确的重复是有效记忆的主要方法，特别是人在学习中通过自己的脑、手、耳、口并用进行知识记忆时，记忆的效率会高很多。因为当你记忆时，通过脑想、口念、手写，不知不觉地调动了自身更多的记忆“通道”参加记忆，这样使自己的记忆痕迹加深，记忆效果当然更好。

20. “循环”记忆法：不断强化你的记忆

“循环”记忆法是根据心理学的原理、记忆的规律，把记忆的材料进行分组排列，循环复习记忆，以达到较好的记忆效果的一种方法。

德国心理学家艾宾浩斯用无意义音节和有意义文字为识记材料，对记忆保持和时间的关系，学习材料的量和诵读次数的关系，重复学习和分配学习的影响等问题，都做了深入的研究，发现了遗忘先快后慢的规律。他发现的遗忘曲线表明，人的遗忘率随时间的流逝而先快后慢。在刚刚记忆的一段时间内遗忘得最快，越到后来遗忘得就越慢。

按照这一遗忘规律，我们便可以有针对性地适时进行复习，循环记忆法便是根据遗忘规律而创设的一种记忆方法，通过合理安排复习时间，用最少的时间和精力记忆更多的内容。

要使短时记忆的记忆内容转化为长时记忆，就必须不断地复习。这个道理大家都清楚，然而如何安排复习时间、复习次数，则是一个关键的问题。由于每个人的心理素质、知识水平和结构、生理条件等有诸多不同，因而在运用循环记忆法时，循环的时间顺序的安排便各不相同。

以下仅介绍两种循环方法供大家参考，你尽可以按照自己的特点安排适合自己的循环复习计划。

第一种循环的方案为：首先将要记忆的内容分为几组，按照顺序分组进行记忆。例如，可以将记忆材料分为8组，即a、b、c、d、e、f、g、h组，每两组为一个小循环，逐一顺序排布。可以按以下顺序进行：记忆a组的内容—记忆b组的内容—复习a、b组的内容—记忆c组的内容—记忆d组的内容—复习cda组的内容—复习a、b、c、d组的内容—记忆e组的内容—记忆f组的内容—复习e、f组的内容—记忆g的内容，记忆h组的内容—复习g、h组的内容—复习e、f、g、h组的内容—复习a、b、c、d、e、f、g、h组的内容。

这种循环记忆方案的特点是复习的次数多而频繁，随着记忆内容的增加，复习的内容将越来越多。其优点在于记忆的内容保持长久，不易丢失遗忘，即使记忆的东西较多，但是并不会忘记前面已经记住的内容。这种循环记忆法从表面上看，似乎越到后来负担越重，复习的内容过多，容易使人厌倦。其实不然，因为虽然越到后来记忆的东西越多，但是这些复习的内容都是已经被记住的，而且经过了若干次的复习，所以越到后来，复习这部分内容用的时间会越少。它们往往会永久性地被记住，不必再花什么时间去记住它们，就犹如记住你自己的名字和生日一样，将成为你记忆中的永恒内容，不会因时间的原因而消失。

21. “联想”记忆法：将几件事物联系起来

所谓的“联想”记忆法，就是利用事物之间的联系，通过联想、联系进行记忆的方法。

联想是由当前感知或者思考的事物想起与之有关的另一事物，或者由头脑中想起的一件事物而引发的对另一事物的想象。客观事物是相互联系的，各种知识之间也是相互联系的，所以在各种思维形式中，联想是最基本的一种形式，也是记忆的一种方法。而记忆的一种主要机能，就是在有关经验中建立联系，并且思维中的联想越活跃，经验的联系就越牢固。因此，在学习中，如果能够经常运用联想进行知识记忆，就可以增强记忆效果。

所谓的“联想”，就是指因所感知或者所思考的事件、现象或者概念的刺激而想到其他与之有关的事件、现象或者概念的思维过程。

因此，记忆必须以联想为基础，联想是打开回忆之门的金钥匙。记忆知识离不开联想，联想是记忆的真正推动力。艾宾浩斯就曾经这样说："记忆主要靠在材料各项之间建立联系。"所以，要想记住、掌握更多的知识，就应该在各个记忆材料之间建立联系。而联系的建立，则主要靠联想。

前苏联著名的生理学家巴甫洛夫认为："联想是由于两个或者两个以上刺激物同时或者连续地发生作用而产生的暂时性神经联系。"简单地说，联想就是从此事物想到彼事物的心理活动。靠着它，每个人都能把输进大脑的所有信息串连起来，形成一个记忆网络，从记忆仓库里自由提取自己需要的信息。

所以说，如果能抓住联想的规律，学会联想的方法，不但可以帮助加强记忆，而且有利于迅速回忆起所记事物。美国心理学家威廉·詹姆士说："一件在脑子里的事实，与其他多种事物发生联想，就容易记住。所联想的其他事物，犹如一个个钓钩一般，能把记着的其他事物钓出来。"因此，可以说，联想就是克服两个概念在意义上的差距，把它们紧密联结起来的桥梁。

俄国心理学家哥洛万·斯塔林茨曾经做过多次实验，结果表明，任何两个概念，都可以经过四五个阶段建立起联想，比如"木质"和"皮球"这两个可以说是有着八竿子打不着关系的事物，但是它们却可以通过"木质—树林—田野—足球场—皮球"这样几个中间环节联系起来。

一般情况下，两个没有瓜葛的事物可以比较自然地通过四个步骤联系在一起，个别的需要五六个步骤。具体需要多少步骤，主要看两个事物间的"意义距离"。

美国著名的记忆学专家哈利·罗莱因曾经说过："记忆的最基本规律，就是对新的信息同已知的事物进行联想。"所以说，学习知识、记忆知识，是离不开联想的。

实践证明：联想记忆法是最有效的记忆方法，同时，又是其他记忆法的基础。因此，对于提高记忆力，运用其他记忆法，“联想”能力才是重中之重。

联想是有规律可循的，而不是像无头苍蝇似地乱想。联想的规律有接近律、类似律、对比律、因果律等，这样相应地就有接近联想、类似联想、对比联想、因果联想等等。

下面，根据联想的这几个规律，我们给出具体的“联想”记忆法，希望能给大家一点启发。

（1）“接近”联想法

接近联想法是指根据有些事物在空间或者时间上有所接近的联系而建立起来的联想方法。比如看到带鱼，会马上想到大海，甚至想到鲸鱼；说到藏羚羊，很快就想到西藏，想到那里的酥油茶和糍粑，想到布达拉宫，想到雪山和高原反应等。而之所以能想起这些看似风马牛不相及的事物，就是因为它们在空间上有接近之处。

又如，一提到刘备，就会想起“桃园三结义”，想起猛张飞和红脸的关羽，也能想起诸葛亮，想起“借东风”和“三顾茅庐”，想起《出师表》；而一旦提到鸦片战争，就会想起林则徐的禁烟运动，想起中英《南京条约》，想起香港的“丢失”等。而之所以这样想，就是因为这些事情在时间上非常接近。

因此，在学习中记忆知识时，如果能够像这样把遇到的事和学到的知识，与相接近的事物联系在一起，形成在空间或者时间上有相关之处的系统，在回忆的时候，就可以产生联想，帮助巩固记忆，而且只要提到其中的一种东西，就可以自然地联想到其他一大串内容。

（2）类似联想法

类似联想是根据事物之间在现象或者本质方面有类似之处的联系而建立起来的联想，它突出了事物之间的共性和相似性，对于学习和记忆起着重要作用。

比如“集中识字教学”之所以能得到大力推广，就是因为它利用了汉字结构在音、形、义方面有类似之处的特性，并且依据汉字的造字规律，抓住了这个特点，把常用的汉字分别归纳成了不同的种类。

类似联想在各科教学中，应用非常广泛，但进行联想的事物，必须合乎逻辑、忠于事实，而两种不合逻辑、违背现实的事物，是不能强行联系起来的。

（3）对比联想法

对比联想是根据事物之间所具有的对立性特点而建立起来的联想，比如由黑想到白，由高想到矮，由爱想到恨等。由于这些事物都具有对立性，经过比较，能产生鲜明的印象，所以把它们归纳到一起，对比起来记忆，可以增强记忆效果。

（4）因果联想法

心理学家罗伯特·依·布伦南说：“如果没有基本法则的知识，就得处理一串串冗长的信息，那样我们的记忆必定负担繁重。最完美的记忆方法是把现象按因果关系联系起来，因为哲学的任务是研究这种关系，所以我们可以主要通过培养哲理头脑来弥补记忆力的不足。”

所以，记忆时，我们可以利用事物间的因果关系，从此事物联想到彼事物，比如拿到大学录取通知书时，有人会想到四年以后，自己手里拿毕业文凭，头戴“学士帽”的情景。这样的记忆方法，同样可以提升记忆效果，让记忆变轻松。

（5）奇特联想法

其实除了按照规律进行联想记忆以外，还有一种无规则的联想记忆法，这就是“奇特联想”记忆法，它是世界上公认的“记忆秘诀”。

这种记忆法是通过利用一些古灵精怪的想法，把需要识记的事物、词语或者知识串连到一起，并且在大脑中形成一连串的物像的记忆方法。这种联想记忆法可以把任何几个字或者词语、概念串起来，并且通过自己独特的办法记住它们。

运用这种联想记忆法时，需要掌握以下三点：

①通过用彼事物取代此事物，或者让此事物变成彼事物的一个组成部分的方法，把需要记忆的事物联系起来记忆。比如“钢笔、草帽、玉米、农用车”，可以想象成为：钢笔代替了农夫，戴着一顶草帽坐在装满玉米的农用车上。

②把需要记忆的事物先进行有意识地夸大或者缩小，增多或者减少等变形，然后再进行记忆。举例来说，记“手表、西瓜、滑梯”时，可以先把手表想象为西瓜那样大，从滑梯上滚下来。运用这种办法，可以对事物随意组合，进行联想创造，从而收到较好的记忆效果。

③以静变动记忆法，即把本来是静止的东西，想办法让它动起来进行记忆的方法。比如“气球、雨滴、蓝天”这 3 个互不相干的名词，你可以这样连起来记忆：气球上挂着雨滴，向蓝天上飞去。

奇特联想法，粗略地看，确实非常滑稽、可笑，但是在记忆多项事物的场合，就可以发挥自己特殊的效能。而且训练时间一长，在记一连串的词语或者事物时，就显示出自己的优势来了。

作为一种实用性非常强的记忆方法，联想记忆法还有两点需要特别注意一下：

①注意知识的积累

联想是新旧知识建立联系的产物，先学的知识应该成为后学知识的基础。旧知识积累得越多，新知识才能联系得越广泛，才越容易产生联想，进而越容易理解和记忆。

②选择好联想中介物

这是记忆的关键。如果中介物选择得好，就能让人一下子联想到某种材料或者解题方法，使问题顿时解决掉；相反，如果选择得不好，即便是简单的问题，也会“卡壳”，百思难得其解。

人的思想是没有边际、没有领域的。我们在这里仅仅介绍了几种比较常见且实用的联想记忆法。其实，在联想的广阔天地里，还有许多更加奇妙的联想记忆法等着我们去发现。相信在几经努力后，你一定能找到最适合的，也是最好的那种记忆法。

◎ 奇思怪想强记忆

在学习与看书时，一些数字、年代往往不易记住。如果你善于联想记忆，便好记了。如桩子表和房间法或叫罗马房法和图像字法，是联想法的具体化。你可以将桩子或房间用来当成图像的存放处桩子，原理就是让要记忆的东西来跟已知的东西做连接。原来的东西就叫“桩子”，把新的要记忆的事物与桩子连接，此法用于大量数据和外语的记忆。

22. “烂笔头”记忆法：脑要动，手更要动

所谓的“烂笔头”记忆法，是指用笔记、摘录等形式记忆识记材料的方法。这种记忆方法借助了手写和大脑思考，同时还因为有形的储存而使记忆变得更准确、持久。

俄国19世纪的大文豪列夫·托尔斯泰说：“身边永远要带着铅笔和笔记本，读书和谈话时，碰到一些美妙的地方和话语，都把它记下来。”

我国的杂文家邓拓也有类似的做法，并且他把这种做法比喻为，“一个北方的老农民，出门不忘带背篓和小铲，只要看到路边有块牛粪，就随时拾回去以备肥地”。

在民间，有句俗话：好记性不如烂笔头。其实就是倡导把有用的东西记在本子上，闲暇时拿出来随手翻翻，通过写与看来加深对所记内容的印象。

知识的记忆，可以分为内储和外储两种。前者是指储存在大脑里的记忆，后者则是指书本、笔记、摘抄本等大脑以外的记忆形式。对于普通人而言，大脑记忆知识的能力比较弱，因为拥有过目不忘的记忆力的人毕竟是少数。所以，很多人要想记住所学知识或者见到的情景，都必须借助外储的形式进行反复地记忆。而这就有必要在大脑之外建立一个知识库或者知识网络。这种知识库，最好是笔记、摘抄本，因为只有以这种形式储存的知识才

具有持久性，而且平时经常翻看这些知识，就可以把知识的外储变为内储，真正转化为对自己有用的东西。

美国海军人事管理研究处曾经做过一个心理实验，意图通过“烂笔头”结合思维增强记忆力，结果非常成功。

试验中，近百名参与试验的人同时在相同的环境中收听同一段录音。听完后分为3组进行测试：第一组把听到的内容逐字写成笔记；第二组先把听到的内容列成大纲，然后再做成笔记；第三组只听不记。

结果表明，把“烂笔头”与思维结合起来的第二组学生记住的内容最多，接近60%，其次是第一组学生，最次的是第三组学生。

可见，“烂笔头”对于记忆的加强，有着不可忽视的作用。

笔记，包括课堂笔记、摘抄、札记等等，都是一份永恒的记录，可以克服大脑模糊记忆、短时记忆方面的限制。许多学者和文化名人之所以造就了瞩目的记忆力，就是因为在平时的学习、工作中，他们经常动用手中的“烂笔头”。比如马克思，就时常在本子上记下丰富自己记忆力的各种实际资料，并且隔一段时候，就重读一次笔记，同时做上记号，写上新的内容。这种方法就帮助他锻炼出了非常强而且精确的记忆力。仅写《资本论》一书，马克思就读过1500多种书；做的笔记，包括手抄稿、摘录、提纲、札记，有100多本。

马克思认为，做笔记可以帮助理解知识或者事物，因为做笔记首先要理解学习材料。在理解的过程中，整理了原本凌乱的事物，使模糊的记忆表象变得清晰起来。并且理解越深刻，知识概括才越准确，做出来的笔记也就越简洁易懂，记忆起来就越方便。

做笔记还可以防止遗忘。因为做笔记，需要运用读、看、背等记忆形式，并且在此基础上还增加了手写、画图等触觉记忆和运动记忆。这样，不但在识记过程中可以提高记忆效率，还能准确地记忆文字的资料，在复习、查找和核实时，起到巩固记忆、战胜遗忘的作用。所以，为了让记忆更明确、更持久，最好的记忆方法，应该是用“烂笔头”去延伸记忆效果，充分调动耳、眼、手、心等感知器官的协同工作加强记忆。

那么，在日常学习中，“烂笔头”在记忆方面都起了哪些具体的作用呢？

（1）准确、全面地记忆信息

一个人在日常生活、学习中，经常会遇到各种各样需要记忆的信息。可是，所有这些信息，尤其是某些细节，如果只单纯地用脑子记忆，是很难全面、准确地记住的，不是记得不全就是记得不准。即便暂时记住了，以后回忆时也有可能丢三落四。

比如，当某个数字串在自己脑子里留下深刻印象或者正在思考某个数字串时，常常会下意识地把别人说的别的数字串“误”记成该数字串。如果在听的同时能写在纸上，则可以避免此类现象的发生。

（2）用“烂笔头”记忆的过程，就是准确记忆和加固记忆的过程

通常，我们回忆储存在大脑里的内容时，各种想法会一闪而过，很难反复地对比和推敲前后闪过的内容是否存在不妥或者有什么矛盾，可是，用“烂笔头”写一下，就不同了。因为这样各种想法就会固定在纸上，你可以很从容地、认真地进行比较和推敲，一旦发现有不妥或互相矛盾之处，就能及时进行纠正，从而

使记忆内容更加准确、更加牢固。

（3）信息转换成文字后，才有可能随时随地进行准确复习，进行有效学习

信息用“烂笔头”记下来，才可以随时翻看，长期地进行重复记忆，并最终形成牢固记忆，而仅靠大脑，人的记忆是做不到这一点的。比如圆周率的前 100 位，如果只通过口头传授而用大脑记忆的话，可能会暂时记住，但是却达不到牢固记忆的效果。但如果有文字记录的话，就可以进行准确复习。所以不管记忆力有多强，都需要“烂笔头”帮助加强记忆效果。

无论如何，“烂笔头”对于提高记忆效果，都有着不一般的作用。因此，在日常生活中，我们应该多让自己动动笔，这样才能提升记忆效果。

古今中外的无数事实已经证明，“烂笔头”记忆法，确实可以明显地帮助记忆。无论是何人，不管他的记忆力有多强，都应该多动动手中的“烂笔头”，让它帮助自己记忆那浩如烟海的知识。

那么，运用“烂笔头”记忆时，具体应该怎么做呢？

（1）做学习笔记

做学习笔记，不但能记录知识，而且还有巩固记忆、内化知识的功能，因为记录、整理学习笔记，本身就是一个理解、思考、分析、概括的过程。这样一来，就把做笔记和内化知识两个过程自然地融合在一起了。

而且，学习笔记在锻炼我们思考能力，弥补大脑记忆的不足方面，起到了举足轻重的作用。

（2）记忆卡片法

对于一些不容易记住或者容易遗忘的知识点，可以写在一张

张的小卡片上，这样就可以随时拿出来翻看。

如此反复记忆，然后利用零碎的时间进行背诵，如回家路上、睡觉前、坐车时、等人时不断拿出来翻看。

（3）随笔摘录法

章学诚在《章氏遗书》中曾经说过，读书如果不即时做笔记，就像雨点洒在大海上似的，不留下一点踪迹。因此，在平时读书或者查阅资料时，如果发现一些好句子、经典语段，应该即时用笔记录下来，而且有些知识或者资料可能是在无意中发现的，要想通过短时记忆达到长期不忘的目的，根本是不可能的。

所以，在平时读书或者查阅资料时，随身准备一个小本子进行记录，是非常有必要的。

（4）以笔代脑法

在记忆或者回忆时，可以用笔抄写代替大脑。例如背英语单词、经典名篇、公式定义时，可以边读边写。此外，把这些抄写的知识随身带在身边，有空拿出来进行重复记忆，更能不断地强化记忆。

（5）画思路图

思路图能在人的记忆中构建出一个能够增强各信息之间联系，使整体信息的回忆更顺畅的强有力的联合体，可以说是一把打开回忆整体信息的金钥匙。在记忆时，可以一边记一边用笔画一画知识结构图或者思路图，不但可以减轻大脑的记忆负担，强化记忆，还有利于形成创造性思维，提高大脑储存信息的重组能力，从而在回忆运用时，灵巧迅速地解决学习中的疑难问题、重点、热点问题。

（6）默写默画法

记忆时，如果先进行诵读记忆，然后再采用默写或者默画的方法，就能在短时间内，让识记材料比较牢固地印在脑海里。

除了这些记忆方法之外，摘要笔记、内容提要、阅读提纲、索引、眉批、脚注、结语等等，都可以增加对问题的思考，概括知识，减轻记忆负荷。

笔记，是“脑”记的另类延伸。要想在短时间内记住较多的知识材料，我们可以试着拿起“烂笔头”来，通过笔记来加强。

23. “分类”记忆法：由复杂变得简单才好记

所谓分类，就是依据事物的特征，把具有同类特征的事物组合成一类，对事物加以区分的一种思维活动。事物的特征是多方面的，根据相同方面的特征，可以把同一事物归入不同的类别之中，在同一类别中，事物之间必然具有同一种特征。

有一位心理学家曾这样谈论分类对记忆的重要性：“在人的记忆活动中，对材料的分类分组是很重要的一个步骤。人的经验是分类保持的，唤起过去的经验也要借助于经验的类别。”也就是说人在记忆的时候，在大脑中会自动把那些相关的材料组合在一起，成为一类，这样可以使记忆更加持久。大脑对那些已经分类整理清楚的材料接受时会更快捷一些。因此，分类对于我们的记忆来说是非常重要的。

例如，当我们要查阅生物学的书籍时，我们可以去图书馆。但是在那么大的图书馆中，如何能够快速地找到我们需要的书呢？如果图书馆中的目录做得很完善，我们就能通过分类的方式找到生物学所在的类，即基础学科、自然学科中的生物学，然后再按照书的名称找到书的索引。就这样，通过分类查找法，我们能够在几分钟之内从数十万本书甚至是上亿本书中准确找到要找的书。这就是分类记忆法的重大作用所在。

唐代诗人白居易，非常喜欢收集资料，每当遇见有所启发意义的资料时，都会将其放入陶罐之中。他有很多陶罐，并且在陶罐上标出若干字条目录，放置在一个共有七层的大架子上。由于他收集的资料是分门别类地放置的，当需要某一门类的资料时，他便将标有这一门类字条的陶罐找出来。白居易用这种方式整理了大量的资料，他的《白氏六帖》便是这样写出来的。

当然，我们现在收集和整理资料，不必再像白居易一样准备那么多的陶罐，只需将有用的资料较详细的内容以及出处摘录于一张张活页纸或者卡片上，然后将这些卡片按照分类存放于不同的文件夹中。例如：数学、物理、心理学、历史学、神学、哲学、语言学、美学等。当然，如果在每一个分类中资料较多，而且还想进一步予以分类，以便查找，那么就可以在大的分类下面再设置一些小的类别。例如，在历史学中又可以设立古代史、近代史、现代史等。

如果你拥有一台电脑，那么你就可以更加方便地整理资料，把所有的资料都输入电脑，将其放置于不同的文件夹中，给每个文件夹取一个带有类别特征的名字，在大的文件夹下面又可以设立若干个子文件夹，再给每个子文件夹取一个带有类别特征的名字。当你需要调取某一方面资料时，便可以按照分类的方式进行查找。

把具有相同特征的材料归为一类，统一进行记忆，比不进行分类而直接记忆，能够在更短的时间内记住大量的内容。

当要记忆一些杂乱排列，没有统一共同特征的记忆材料时，首先要将这些材料进行加工整理，分类排列，把具有共同特征的材料划分为一类。当然，共同特征可以由你自己给它设定，并没有一个统一的标准，比如你可以按照颜色的特征来分类，也可以用重量、时间、学科、大小、形状、方位、出处、质地等特征来分类。只要你认为按照某种特征进行分类比较合适，有利于你的记忆，你便可以做出这样的分类。因为记忆材料是完全属于大脑中主观的范畴，只要你能够把所有的内容记住，做怎样的分类都是你自己的事情。

在分类时，尽量将记忆的材料划分成各小类，但是总会有一些记忆的材料在分类时不好做出划分。也就是说，它可能既不属于这一组，也不属于那一组，其特征比较独特，无法与其他材料结合起来记忆。遇到这种情况便只能将其单独提出来，或者将几个同属于这种情况的材料划归为一组，集中起来记忆。这样，你就会发现，记忆变得更简单。

◎ 集中记忆

我们在记忆历史知识时，可以将相关的知识归为一类，集中记忆。例如解放战争后期的三大战役，即辽沈战役、淮海战役、平津战役的时间、场所、内容、意义等可以进行集中记忆。再如世界三大宗教，佛教、基督教、伊斯兰教的产生时间、主要内容、传播国家等也可进行集中记忆。

在记忆生物知识时，把动物按照从低等到高等的进化顺序可以将其分为原生、海绵、腔肠、扁形、线形、环节、软体、节肢、棘皮、脊索等，然后各类下面再进行详细的分类。当然，如果你只是想了解性地记忆一些生物知识，而不求对每一个知识点进行全面的掌握，则可以将其做一些别的分类。

24. “知识结构图”记忆法：针对逻辑性差的人

“知识结构图”记忆法，就是用字词、数字、线条或其他符号组成图或表格，能提纲挈领、简明扼要地把教材的主要内容表现出来，以增强记忆效果。

知识结构图可以大到一个知识段、一本书、一个单元的内容；也可以小到一篇课文、一个知识点。其内容是根据要记忆材料的内容和特点来设计的。

知识结构图是用图示法来帮助我们记忆信息的，它用图表的形式来体现整个单元的结构和知识点的内在联系，并依据其从属关系，反映出整个知识系统。

知识结构图的组织结构一般是由一个主题或知识点开始，从一点开始向分支发展。每一个分支的内容为总结或简化的资料内容。

有些人在学习时，对一部分知识总是记不住、记不清，容易混淆。这是由于他们逻辑性比较差，不能有条理地记忆造成的。针对这样的情况，我们可以选择用知识结构图帮助记忆，这样能够有效地提高记忆效果。

知识结构图在人脑的思维模式上，属于线性思维。整个的知识架构偏向一个方向发展，它比较符合人们传统的思维方式，外形也比较美观。知识结构图无疑是一种很好的记忆方法。它以整体建构思想为依据，用图表的形式来体现整个知识的结构和知识点的内在联系。

知识结构图从一个主题开始，也就是从一个知识点向四周发展。这样一来，那些逻辑性不是很强的人可以很直观地看到知识的全貌，能够提纲挈领地记忆——这就是知识结构图的最大优势，它能够帮助我们梳理知识，让我们将平时所学的知识形成一个网络式的结构。

在实践中，我们可以将自己的所学构建一个知识结构图，以提高自己的记忆效果。

那么，实际中应该如何利用知识结构图帮助自己提高记忆效果呢？

（1）学会总结、绘制知识结构图

将要学的知识画成知识结构图，以便在头脑中先留有一个全局的印象，这样在具体学习时，记忆起来就容易得多了。

（2）会画知识结构图的方法

在画知识结构图的过程中，就等于是把学过的知识又复习了一遍。而且画知识结构图的过程，就是理清知识络脉、增强逻辑性的过程。

从形态上来说，知识结构图分很多种，有树形图、表格等，可以用连线来抽象地表示，也可以用大括号来表示。

从内容上来说，知识结构图的内容可以是一册书的内容，也可以是一个单元的内容、一章的内容、一节的内容或一个知识点的内容。

（3）选取有代表性的知识点绘制知识结构图

绘制知识结构图时，应该选取有代表性的知识点。我们可以根据知识结构图，先记住一个主要的中心点，再记中心点与其他分支的内在关系。

（4）通过分支回忆细节

知识结构图主要体现知识的整体框架和脉络，对知识的细节体现得并不明显。在利用知识结构图增强记忆的时候，不应该忽略知识点的细节。应该学会通过分支去回忆知识点的细节，这样才能点面结合，没有遗漏地记忆。

利用知识结构图帮助记忆，无疑是一种很好的方法。它不仅可以使逻辑性差的人条分缕析地记忆，还能加强人们对知识的理解和深化，是值得应用的好方法。

◎ 双脑同步学习法理论

双脑同步学习法理论来自于医学诺贝尔奖获得者罗杰·史培利的大脑二分法。大脑二分法意指左右脑功能各有不同：右脑偏重创造、想象、记忆、直觉、图像、声音等等；左脑擅长思考、逻辑、分析、判断、理解、文字、数字等等。是故，如能同时活用左右脑，不但能创造出惊人的记忆力和超强学习效果，也可以提升感官、知觉、心灵感应能力，进而创造正面积极且清淅的思考模式。

25. “五到”记忆法：手脑并用，记忆更佳

耳到、眼到、手到、口到和心到，充分调动人体各个器官，学思结合，能达到最佳的记忆效果。那么这“五到”具体是什么呢?

耳到，即认真听，听别人发表意见，这样会在大脑的听觉区留下清晰而深刻的听觉信息。

眼到，即认真听的同时，随时观察说话者的动作、表情，这样会在大脑的视觉区留下视觉信息。视觉信息更容易贮存和保持记忆，将视听信息结合起来，从而印象更加深刻。

手到，即在认真视听的基础上，勤于动手做笔记、找重点。这样，不仅加强了视听信息的贮存效果，而且在大脑思维的参与下，使信息组合更为合理。

口到，即勤于动口，积极提出不清楚的问题，在得到答复后，模糊的信息便清晰了。在积极回答问题、讨论、辩论、发表意见时，会使头脑中的信息得到更好的重新组合。

心到，即大脑处于积极思考状态，让思维活动始终参与一切过程，及时将各种信息加以分析、比较、综合，使之条理化、系统化，使贮存于头脑中的信息接近于系统结构。

综合起来，“五到”记忆法就是在记忆时，眼、耳、口、脑和

手配合使用，充分调动人体各个器官，学思结合，从而达到最佳的记忆效果。运用这种精神高度集中的学习方法，会使知识记得牢、用得好，比单纯的口读目记效果要好得多。

五到记忆法有助于人体各个记忆器官功能的充分调动，学思结合，记忆效果非常显著。五到记忆法其实就是通过集中注意力来达到提高记忆效果的目的，无论是心到、眼到、耳到，还是口到或手到，归根结底都是注意力集中。因为注意是记忆的基础，要想提高记忆效果，必须解决注意的问题。

心到记忆法是五到中最为关键的部分，心到指的就是脑到，一个人如果大脑不集中，不积极运转，即使耳听得再认真、嘴读得再勤、手写得再多，也起不到任何记忆效果，因为记忆是需要大脑来记存的。眼、耳、口、手、脑并用的结果，自然是记忆效果甚佳。

《学记》中有这样一句话："学无当于五官，五官不得不治。"意思是说，学习和记忆如果不能动员五官参加活动，那就学不好，记不住。这说明远在2000年前我国古代人就已经认识到读书学习要用眼看，用耳听，用口念，用手写，用脑子想，这样才能增强记忆效果。

看、听、读、写、思考都必须动脑，这是衡量专心与否的重要标志。如果这点做不好，就不可能学好知识。

不同的记忆方法对不同的人，效果是不一样的，有的人擅长看（视觉型），有的人擅长听（听觉型），有的人擅长用嘴和手（运动型），等等。其中，记忆效果最佳的就是运动型，即混合型的记忆方法，就是我们所说的"五到"记忆法，让视觉、听觉、触觉、动觉等神经功能共同感受同一刺激，协同记忆。

有位实验者曾经用这3种方法让3个不同的学生记住10张画的内容。

对第一个学生，只告诉他画上画了些什么，并不给他看画。

对第二个学生正好相反，给他看画，但不给他讲每张画画了些什么。

对第三个学生则是又让他听又让他看，实验者不但给他讲了画的内容，还给他看了画。

过了一段时间，实验者分别问这3个学生记住了多少画的内容。结果第一个学生记住的最少，只有60%；第二个稍多，记住了70%；第三个记住得最多，达到86%！

这个实验说明，只听不看的学生记得最少，只看不听的学生记得稍多一点，又听又看的学生记得最多。这也就是说，只有把所有感觉器官一齐调动起来，记忆效果才会达到最好。

光用眼睛看的默记，是大脑对视觉符号的记忆，也就是“视觉符号记忆”，读、写和运动性的记忆，包含着专管运动的小脑对肌肉运动的记忆，称为“运动记忆”，也就是“五到”记忆法。“视觉符号记忆”遗忘速度较快，而“运动记忆”遗忘速度较慢，甚至终生不忘。

通过小脑记住的运动动作，并不限于躯干、四肢的运动，也包括身体各局部肌肉的细微运动。如小提琴家一连串准确、持久、迅速的动作，能不假思索地再现出来，几乎成为习惯性的动作；还有书法家、画家、雕刻家娴熟、准确的动作，莫不与“五到”记忆有关。

五到记忆对于提高学习效率有很大的作用。其中特别表现为口腔肌肉运动与语言之间的联系。小时候背诵古诗词，当时尽管不懂含义，长大后仍能脱口而出，这是小脑对口腔肌肉一连串动作保持牢固记忆的缘故。学外语尤其应该利用五到记忆法。

心理学家理查德·汤普森和医学家斯凯尔研究证明，人的小脑中被称为“下橄榄核”的部位对记忆起着重要的作用。在学习中，充分调动人脑视觉中枢、听觉中枢、语言中枢、运动中枢等各个部位的积极性，协同记忆，对于提高记忆质量效果显著。

各种实验证明多种感官协同记忆比运用单一器官效果要好，这是因为由视觉、听觉、触觉、动觉等多种神经通道感受同一刺激，有助于加深事物在大脑皮层相应部位留下的痕迹，从而形成深刻的印象，提高记忆效果。

26. “改错”记忆法：通过改错让自己加深记忆

改错记忆法是指从自己或别人的错误中吸取教训，在改正错误的过程中吸取经验，在改正错误的过程中做到对知识准确记忆的方法，即通过改正识记材料中的错误之处加深记忆的方法。

改错是正确认识的开始。改错能为我们提供新的深刻的信息反馈。所谓“吃一堑，长一智”，因此我们要有意识地通过改错让自己加深记忆。

一些有经验的教师很善于利用改错记忆法，常在课堂上故意在要害的地方卖关子，如故意把“减”的“冫”写成“氵”、把“纸”的“氏”写成“氐”、把“已”写成“己”等来让学生自己去改错。这些错误，通过正确信息的再现与注意力的集中得到了改正，而学生在改正这一过程中，也加深了对正确信息的印象，且经久不忘。

事实证明，人们通过发现错误、改正错误，对于认知和回忆正确的知识、信息有很大的好处。古罗马的哲人菲得洛斯说过："朱庇特让我们背上两个袋子，一个放在背后，里面装满了自己的错误；另一个放在胸前，里面装满了别人的错误。"这表明，人们常常忽略自己的错误而对别人的错误看得非常清楚。英国剑桥大学心理学教授巴特利说："测定智力技能的唯一最佳标准，可能是检验摈弃谬误的速度。"正确利用错误这一资源进行有效的发掘，或是故意设置错误，让学生在改错中加深记忆，从而提高记忆效果。

俗话说，"吃一堑，长一智""教训是深刻的"。就是说错误所造成的记忆是印象深刻的，有的甚至终生难忘。

错误对一个人的大脑有着很强的刺激作用，因为在改正错误的过程中需要经过认真的分析和思考，深挖致错的根源，这样就会刺激大脑神经，从而加深对正确知识的理解和记忆。

所以要想提高记忆效果，可以充分利用改错记忆法来达到目的。运用改错记忆法应注意以下几个问题：

（1）正确认识错误

爱迪生说："失败也是我需要的，它和成功一样对我有价值，只有在我知道一切做不好的方法以后，我才能知道做好一件工作的方法是什么。"只有正确地认识错误，才可以很好地改正错误。错误过失在思想上引起的震动越大，留在脑中的印象就越深。

（2）及时改正错误

经验告诉我们，改正一个错误的记忆，要比记忆一条新资料困难得多。所以，记忆上的误差一经发现，就要及时改正，改正得越迅速、越彻底越好，这样才能重新输入正确的信息，巩固记忆。

（3）以别人的失误为戒

“前车之覆，后车之鉴。”要将别人的失误引以为戒，从他人的错误中得到教训，不要重走别人的弯路。

读书时，多画几个问号，长此以往，不但能增加知识的准确性，而且能使知识更牢固地扎根于头脑之中。

◎ 唠叨有助长记性

唠叨是指重复地说某一件事情或某一个人，经常地重复当然能加深记忆。专家认为，女性比男性更乐于与人言语交流；男性进入老年期后，沉默寡言居多。而言语是不可或缺的心理宣泄方式，可防止记忆衰退。

27. “鸟瞰”记忆法：整体记忆少费心思

上学时，背课文是每个人都做过的事。在背诵课文的时候，我们常常用分解目标的办法去背诵，比如把课文按自然段划分为若干小节，然后一小节一小节地背。其实，运用这种方法来记忆其效果并不是很好。根据记忆的规律，如果需要记忆的东西越生动，那么记忆起来就越容易。一首诗往往是表达作者的某种特殊心情或者故事，如果把一个本来完整的故事拆开了，那么就使得它产生了分裂，记忆起来自然就要难多了。

当然，并不是所有的记忆都会因割裂而被破坏。为了在记忆的效果上达到最佳，你必须学会使用整体与部分记忆相结合的方法。也就是说，如果要记的东西不是很长，那么整体记忆则是上策；反之，如果要记的东西太长，不宜以整体的方法来记忆，这时你应当先从整体的角度来理解全文，然后再将它分成尽可能少的几部分，这样记起来就容易得多了。

为了达到良好的记忆效果，就要将记忆的东西作为一个整体，使记忆不至于中断，而成为只言片语、零零碎碎的记忆残缺。这种将记忆的东西在大脑中形成一副完整的图像进行记忆的方法，是把记忆的东西作为一个整体来看待，就如同小鸟从天上俯瞰大地一样，因此就叫作“鸟瞰记忆法”，也称为整体记忆法。当然，对于一些篇幅较大的材料，我们必须要分开来记忆。但也要注意使每个部分都要尽量完整，并能使各部分之间保持有力的联系，当上一部分的内容想起来的时候，下一部分的内容也自然顺带地被记起。

美国总统林肯对这种记忆方法的运用做出了典范。美国内战期间，林肯在一次招待会上做演讲，他一反常规，采用先让众人提问题，等问题都提完后，他再进行回答。其目的是为了使自己的讲话不会被打断。就这样，大家一个一个地提问。最后，林肯把他们的问题在 40 分钟之内统统做了答复。他在回答问题的时候，没有任何其他辅助手段的帮助，而记下了所有在场人提的问题。他采用的就是鸟瞰记忆法，抓住每一个问题的核心并把它记下。人们惊奇地发现，他在回答这些问题时，还能把目光转向刚才向他提问的人。

“鸟瞰记忆法”还可以应用于人名、人的长相等方面的记忆中。一些记忆专家们也曾用它来表演他们的“拿手好戏”。

这种记忆法也越来越多地被运用到运动员的训练之中。例如体育运动队在训练中，教练员不进行分解动作的教学，而是向运动员讲解整体的、连贯的动作，并加以示范。然后再由运动员讲解整体的、连贯的动作，并配以示范。然后再由运动员自己试做几遍。对练习中出现的问题，也采用运动员根据自己的情况，采用自我暗示的方法加以纠正。例如运动员躺在地板上，闭上双眼，回忆自己每个动作的要领，从而检查自己的不足之处。

国际象棋冠军阿鲁卡因，在成为冠军之前，曾把自己关在农村的房舍里，戒了烟酒，每天除了一些身体活动外，主要把时间用来进行“鸟瞰记忆法”的训练。他假想与对手在下棋，反复思考怎样击败各种棋路的对手。棋坛大师与多名棋手同时对弈的事情已不再是什么新闻了。他们在对弈中表现的记忆力确是令人称颂的。而他们所使用的方法就是“鸟瞰记忆法”。

心理学家们研究发现，人的短时记忆是以意群为单位进行的，构成每一意群的信息量是相对的。一个字母、一个单词、一个词组，乃至一个句子都可以是一个意群。意群内部的信息是互相联结的，而不是各自孤立的。试验证明，短时记忆所能记住的意群数是有限的。例如，“记忆力、社会、分子”这组词语中有 3 个意群，每个词语为一个意群，但如果我们将它们打乱，如“社子记力会分忆”，则每个字便为一个意群，共构成了 7 个意群，这样记起来就难多了。利用意群来帮助我们增加记忆的容量是一个好的方法。只要我们多加留心，生活中有许多东西都可以通过“分块”来达到简化记忆的目的。比如电话号码的记忆，对于61486485，我们可以把它分成61，486，485这样三块来记，这就比单独记7个数字要容易得多。

有人曾做过一个实验：让同样一个人背诵两首诗，每首诗都是240行，诗的理解难度相近。对于其中一首诗他采用了整体法来背，而对于另一首则采用部分记忆的方法。要求他每天只能学35分钟，达到将诗文完全背下来的效果。结果证明，鸟瞰法比部分法的记忆时间少用了83分钟。但也有一些实验显示，由于记忆内容的长度不同，有时部分记忆法则显得更有效一些。

假设某份需要记忆的材料很长，其记忆顺序为ABCD……，这时你可以采用以下的方法：先记下A，待A完全记下来后再记AB，之后再将ABC连在一起记。这样的记忆方法，到最后不但该材料全部记下来了，而且它各部分之间的联系也得到了加深。这种记忆方法与先“各个击破”，之后再把它们连贯起来的记忆方法相比，前者的“整体感”加强了，正好避免了后者带来的分裂问题。不足的是，记忆内容的前部分重复次数多于后部分。当然这只需要在记忆过程中略加调整，即可弥补，例如：ABC-BCD-CDE……这样一来就可以避免力量分配不均了。

“鸟瞰记忆法”固然有其优点，但当需要记忆的文章太长，材料太多时，无法使用整体记忆时，就应当化整为零。例如，连续3个小时的学习，就不如分3次学习，每学习50分钟休息10分钟，这样做的效果会更好些。

总之，“整体”与“部分”都是相对而言的。整体如何确定，分为哪些部分等，都应根据材料的长短、内容、性质、难度及本人的记忆特点等具体情况而定，从而选择一种最适合自己的方法，而不是靠生搬硬套，采取书本上教的唯一一种方法。也就是说，如果要记的东西是短小的（比较而言），那么就采用整体法，反之就用部分法。但这时也最好先用鸟瞰法对整体内容有一个全面的了解，以决定将其分成尽可能大的几块来记。不管采用什么方法，一定要记住这一记忆的规律：开头部分最容易被记住，结尾部分次之，中间部分最难回忆起来。知道了这一规律，就可使你更好地分配记忆的时间和精力，尽量减少或者避免遗忘的事情发生。

28. “间隔”记忆法：提醒自己才不会忘记

记忆就像一个包包，如果把它装得太满了，就会关不上口，装在里面的东西也会全部掉出来。因此，提高记忆力的另一方法，就是把记忆与另一重要因素相结合。这一重要因素就是记忆的“间隔”。记忆的间隔把握好了，就能使你的记忆力表现得更有效、迅速和方便。

如何利用记忆的“间隔”来提高记忆力，加速记忆的进程，就是我们这里要讲的“间隔记忆法”。

人在试图记忆某份材料的时候，大脑就是在有意识地进行记忆，而在有意识地记忆之后的一段时间里，大脑仍然会保持该记忆的内容。正是因为大脑记忆的这一特征，回忆现象也就产生了。间隔记忆法就是利用记忆的这一特点，设计出来的有效记忆方法。

假设你正在打电话，对方告诉你，如果你可以马上给另一个人打电话，那人就可以帮你做成一笔大买卖。你听到这个消息当然会非常高兴了，这种不费举手之劳就可以办成的好事实在是难得。

这时你一定是急于要将那个人的电话号码记下，可是当你把手伸进口袋，想拿出笔来记这个电话号码时，十分不巧，笔没水了。因此这组号码就只有凭脑子记了，你在心中不断地重复着这组号码，但在接下来的交谈中你还能记得住这组电话号码吗？电话号码能在你的脑子里保留到给那人打电话的时候吗？如果在你拨号码时，又恰巧电话占线，你还能在几分钟后回忆起这组号码吗？

这件事情看上去是一件小事，只是打一个电话而已，但是在日常生活中，这种情况却经常发生。你是否有过这样的经历，就是当别人刚告诉你一遍电话号码，可是在你想打电话的时候，却怎么也想不起来这号码了？

大多数人对电话号码的记忆，都会在听到号码后，在嘴上或者心中重复读上几遍。其实，这种方法是不错的，但如果稍加改进一下，效果就会更好，甚至完全可以避免遗忘。

“停一刻等于浏览两遍。”换句话说，在你重复一遍电话号码或其他什么要记的东西之后，要停顿一下，然后再重复第二遍。在重复第三遍之前再停顿一下。这样做是因为：凡在脑子中停留时间超过 20 秒的东西，才能从瞬间记忆转化为短时记忆，从而得到巩固并保持较长的时间。当然，这时的信息仍需要通过复习来加强。

那么，这个间隔时间应为多久呢？一般来讲，间隔时间应当根据信息的范围来确定。例如，在你学习某一材料后，一周内的复习应为5次。而这5次不要平均地排在5天中。信息遗忘率最大的时候是：早期信息在记忆中保持的时间越长，被遗忘的危险就越小。所以在复习的初期间隔要小一点，然后逐渐延长。

值得注意的是，记忆的间隔时间标准是，可以让记忆的东西在大脑中有一个储存的时间。这样，在回忆现象的帮助下你可以在记忆的台阶上又向前迈进一步，而采用连续不断的方法记忆电话号码，其结果是怎样的呢？这种被心理学家称为“初级印象”的记忆，在大脑中是根本留存不住的。

在我们的感官中存在着一种叫作“记忆回音”的现象。也就是说，在刺激终止之后，感官仍然会做出反应。这种现象最常见的例子就是灯泡的亮与灭，当灯泡熄灭时，我们的眼睛在一短暂的时间里似乎仍能看见那亮着的灯泡。记忆的这种回音现象，对学生来说倒是有帮助的。因为在你不专心听讲时，而老师又突然向你发问，这时你只有完全依靠你的记忆回音了，而且记忆回音往往能够帮助你回忆起老师刚刚讲过的内容。

当你需要通过浏览的方式进行记忆时，如要记一些姓名、数字、名单等，采用间隔记忆方法的效果就不错。假设你在参加酒会的时间，意识到其中有18个人对你也许有帮助，你很想记住他们的名字，你就应在人家做介绍时重复一下这些名字。在之后的几分钟里，自己也要每隔半分钟左右就默念一次这些名字。这样，你会发现记住这些名字并不太困难。回到家后将他们的名字写下来。第二天再看一遍，这时你对这些名字可以说就完全记住了。

当然，如果对方都带了名片，就让你省去记忆之苦了。

在使用间隔记忆法进行记忆的开始一段时间千万不要被其他事情所干扰，间隔时间缩短一点。到了第二遍、第三遍的时候，一般就不太容易被干扰了。

间隔记忆方法的优点，除了以上所谈到的之外，还有不容忽视的重要一条：用这种方法记忆的东西保持的时间会很长。

让我们再回到电话号码的记忆上来。假设你将号码反复地重复了三四次之后就放置一边了。你以为自己已经记下了那个号码，因为你在口头上不停地重复了三四次，但是你却被这一假象所蒙蔽了。半小时以后，回音听不到了，数字没有了，你的记忆努力完全白费了。其实由此带来的损失远不止于记不起这组号码。

因此，建议你在需要长久地记忆事物时，最好也采用间隔记忆法。另外，采用间隔式的学习方法，在学习一些复杂事物时也是非常奏效的。

29. “自测”记忆法：找到记忆的空缺

记忆材料的过程中，需要不断地自我考核和测试，把所记忆的材料通过各种方式进行检侧，在检测中才能发现记忆的空缺之处，从而有针对性地复习并记忆，提高记忆的效率。

自测是与他测相对应的，他测常常以考试、提问等形式表现出来，然而我们知道，考试的题量是有限的，考试的次数也不由自己决定，那么仅通过他测的形式就难以满足测试记忆效果的需要。如果我们希望提高自身的知识水平并扩大知识结构，就应当更多地依靠自测的形式来帮助记忆。自测可以使我们了解自己的记忆效果。正所谓“知己知彼，百战不殆”。只有先了解自己的记忆效果，才能够弄清楚自己有哪些知识没有学好，哪些没有记住，哪些地方还需要记忆得更准确一些，以便立即核实校正。

自测记忆法的形式可以灵活多样，你可以根据自己的时间和兴趣选择自测方式。例如从时间上来说，自测记忆法可以分为定期测试和随时测试两种。

定期测试是根据记忆的进度，在固定时间内进行自我测试。比如每天测试一次，每周测试一次，每月测试一次；或者根据记忆的内容定时测试，例如每个单元测试一次，每章测试一次，每学科测试一次等。每天测试一次，你可以选择在一天之中最安静、最不受打扰的时间里进行，比如当你夜晚睡觉之前，躺在床上闭目养神的时候，你可以将一天以来所学所记的内容像过电影一样地回忆一遍，如果发现有不很清楚的知识点，及时查阅并弄清楚，不要将当天的问题留待明天去解决。当然，如果遇到的难点确实无法依靠自己的能力弄清楚，那么就可以将其记下，第二天再想方设法将问题解决。要记住，遗留的问题越多，对自己的学习就越不利。遇到问题及时予以解决，绝不把问题留到明天，是一种学习的好方法，也是终身受益的好习惯。

如果没有足够的时间进行定期测试，那么随时测试也是一个不错的补救办法。随时测试就是只要你有时间，便可以随时随地地测试自己的记忆效果。例如当你正在等候时，你可以用这段时间来测试自己的记忆。在每一天的时间安排中，我们常常会有一些等候的时间，比如我们上班、上学时要等车，吃饭时要排队等候，买票时要等候，开会、听报告前也要等候，就连上厕所有时也要等上一会儿。将这些等候所花去的时间统计起来，可不是一个小数目。

自我测试记忆的方式也有多种，如自我回忆式、与人讨论式、向人讲解式、自问自答式、运用实践式等。

自我回忆式是一种完全依靠自己，回忆所记忆的内容，以便加强记忆的方法。心理学上有这样一个实验：将应试者分为两组，同时记忆一篇课文。第一组人的记忆方法是首先阅读，然后自我回忆，再阅读；第二组人则始终在阅读课文，没有回忆的程序。在规定的时间内测试时，第一组的记忆效果比第二组要好。经过多次实验，发现回忆的时间越长，记忆的效果就越好。

这种记忆方法在具体操作时，就是在记忆材料的时候先阅读材料，在理解的基础上记忆到一定程度后，将材料收起来，试着背出材料中的内容。第一遍回忆记不住所有的内容是很正常的事情。但是经过回忆这一重要的过程，记忆者会产生积极的状态，想要记住全部内容的期望会增强，使整个记忆过程不再枯燥单调，而是充满趣味性。

自问自答式也是一种不借助于外界，通过自己提问自己回答的方式加强记忆效果的一种方法。自我测试有时不必将材料从前至后全部加以测试。为了节省时间，可以对自己提问，客观地考察自己的记忆效果。一个会学习的人总是会很好地控制自己，扮演两个完全不同的角色，一个为提问者，一个为回答者，两者之间互不干扰。

与人争论的方式和向人讲解的方式，都需要借助他人的力量来达到良好的记忆效果。在同他人的争论中或者在向他人讲述的过程中，可清晰地发现自己记忆中存在的问题。这类方式最大的特点就在于它能给人带来极大的冲击，当与人争论时，自己记忆的内容缺失或者模糊，便会在争论中处于被动；当向人讲解某部分记忆的内容时，出现前后矛盾或者不甚清晰，便会使人感到尴尬。在这些情绪状态下，你会产生极大的愿望去重新记忆那些缺失的内容。

将记忆的内容运用于实践中，在实践检验中更好地记住这些内容，这是最有意义的能直接起作用的方法，毕竟我们记忆的目的就是为了能够将知识运用于实践之中，而非为了记忆而记忆。

第四章

学科记忆：学生不可不学的记忆术

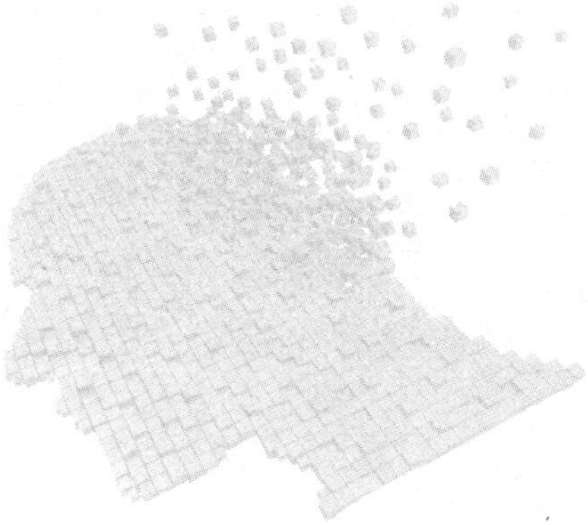

1. 语文知识的记忆

说到语文知识，最基础的不外乎就是“拼音、识字、词语、文学常识、诗词文章”等这几个方面，对语文基础知识的记忆，也集中在这几个方面。那么，我们如何根据自身情况对这些知识进行记忆积累呢？

（1）拼音的记忆

拼音是学习语文最基础的知识点，如小学生刚上学时学习的《汉语拼音字母歌》。那么，对拼音的记忆有什么诀窍呢？

①歌诀记忆法：即把拼音字母编成歌诀来记忆，在学习汉语拼音的标调号时，很多人会将其编成如下歌诀：有 ɑ 不放过，无 ɑ 找 o 、 e ; i、 u 并列标在后，单个母音不必说。可以说，这样的歌诀，让我们一辈子也忘不掉拼音标调号的方法。

②图象记忆法：通过图片或者电视节目来形象地记忆。

③音乐记忆法：对拼音字母谱曲歌唱以快速记忆。

（2）字的记忆

①歌诀记忆：对一些字可采用编歌诀方法记忆，例如：歌诀可以记字的音形义。如：鸨，十字架上插把刀，有只大鸟飞不掉。这样就会记住字的写法；也可以记住易混的一组字。如戊、戍、戌、戎：点戍（shù），横戌（xū），戊（wù）中空，横撇交叉读作戎（róng）。记己、已、巳：关门巳（sì），开门己（jǐ），半关半开就是已（yǐ）。记许、杵、忤、仵：言午许

（xǔ），木午杵（chǔ），有心忤（wǔ），人午读作（wǔ）。这样就不容易忘记了。

②理解记忆：许多汉字是非常复杂的，但如果能理解了它的由来、意义，就容易记住了。例如，知道化学元素用字大都是利用形声字造出来的，“氛、氚、氯、钔、钷、铀、镍”，再认记起来就快多了。再如“杉、枫、柏、松、杨、柳、榆、槐、桃、柞”等都是树木，从“木”偏旁，从这一角度去理解，我们会很快记住很多相似的汉字。

③组词造句：轻松记忆汉字不能靠死记硬背，还要经常使用才能真正熟悉它们。因此，对生字进行组词造句是熟悉汉字的有效途径之一。例如记“魃”字，可以组词“旱魃为虐”；记“桀”字，除了弄清它是“夏朝末代暴君”等字义外，可把它组为“桀骜不驯、助桀为虐”等词，这样不但加深了对字的记忆，而且还会提高运用能力。

（3）语词的记忆

说话、写文章会用到大量语词，所以，对词语的记忆是学习语文相当重要的学习过程。记语词除了弄清词义、造句外，还可采取比较、改错、联想等方法。

①比较记忆。为了准确地掌握词义，我们可以找出一个词的同义词或反义词。

a. 找同义词：即找出与要记语词意义相同或相近的词。例如“天国”一词的同义词就有“天堂、极乐世界”等。还可采用这种方法记成语。例如：按图索骥——顺藤摸瓜；得心应手——驾轻就熟，等。

b. 记反义词：即找出与要记的语词意义相对或相反的词。例如：大方——小气、诞生——逝世、丰富——贫乏、单枪匹马

——群策群力、屈指可数——不胜枚举、阳奉阴违——表里如一。

②奇特联想。记成语可以用这种方法，例如要记如下生僻成语：孔武有力、名缰利锁、被发文身、前倨后恭、穷源竟委、秋荼密网、囚首垢面、人亡政息、傥来之物、唐突西施、天上石麟、铁网珊瑚、头童齿豁、兔起凫举、推燥居湿。记此类生僻成语必须先弄清词义，这样既便于记忆，又利于以后运用。

记这些成语可联想为：孔武有力的斗牛士，戴上了名缰利锁，他的形象是被发文身，他的姿态是前倨后恭，他宣称能穷源竟委，他叙述了斗牛场上的秋荼密网，弄得囚首垢面。但是，随着人亡政息，自由成了傥来之物，尽管有人说他唐突西施，但他不愧是天上石麟。即使搬来铁网珊瑚，搞得他头童齿豁，他也能如兔起凫举，却甘愿推燥居湿……

（4）文学常识的记忆

学语文离不开文学常识，记得多少，能从一定程度反映一个人对文学的修养程度。所以，我们要学会记文学常识的技巧。记文学常识主要体现在记古籍名著、记作家代表作品、名著记忆和文学人物，对其记忆的方式各有异同。

①记古籍名著

记我国古书之最：

第一部字典——《说文解字》，解说文字的叫字典，《说文解字》是字典；

第一部词典——《尔雅》，不读第一部词典就尔哑（尔雅）了；

第一部诗集——《诗经》，第一部诗集已成为诗的经书；

第一部散文集——《尚书》，第一篇散文已经上（尚）书了。

②记作家作品

茅盾在《子夜》时到达《林家铺子》去看《春蚕》,《春蚕》蛀《蚀》了白杨树，茅盾便写了篇《白杨礼赞》。

老舍与《骆驼祥子》是《四世同堂》，他俩一起到《龙须沟》的《茶馆》里喝茶。

冰心是个《超人》，她站在《春水》边上，面对满天的《繁星》《笑》了。她把感想写了本《小说集》《寄小读者》。

但丁经《地狱》《炼狱》到《天堂》，一路上奏响《神曲》，歌唱《新生》。

伏尔泰是个《天真汉》，他介绍《老实人》《查第格》与《奥尔良少女》结了婚。

福楼拜对《包法利夫人》进行《情感教育》，以抵制《圣安东的诱惑》。

③名著记忆

中国四大古典小说主要写的是：在山（三）(《三国演义》) 上浇水 (《水浒》) 种西 (《西游记》) 红 (《红楼梦》) 柿。

四大谴责小说遗责的是："官场"(《官场现形记》)、"二十年"(《二十年目睹之怪现状》)"老"(《老残游记》) 作 "孽"(《孽海花》)。

元曲四大爱情剧演的是："倩女" 的 "离魂"(《倩女离魂》) 从 "墙头" 跳到 "马上"(《墙头马上》)，经过《拜月亭》，进入 "西厢" 房 (《西厢记》)。

④人物的记忆

语文常识涉及到很多人物，那么，该如何记住这些人物呢?我们的方法是：

记初唐四杰："王、杨、卢、骆" 可记为：初唐四杰捉住了亡羊（王勃、杨炯），但落（骆宾王）在了炉（卢照邻）子里。

记苏门四学士：北宋诗人黄庭坚、秦观、晁补之、张耒。可记为：苏门四学士同去看一座黄色的亭（庭）子坚固不坚固，勤（秦）观察，如要坏就朝（晁）前补之，张罗垒（耒）上。

记中兴四诗人：南守诗人陆游、杨万里、范成大，尤袤。可记为：南宋诗人范成大戴着油帽（尤袤），赶着羊（杨）走万里路（陆）游逛。

记元诗四大家：元代诗人虞集、杨载、范椁、揭奚斯。可记为：元代四大家诗人准备了鱼、鸡（虞集），把羊宰（杨载）了，用饭（范）锅（椁）烹调，然后派人去接西施（揭奚斯）来赴宴。

（5）诗词文章的记忆

学习语文经常要背诵一些诗、词、散文等名篇，具体方法有：

①理解记忆：诗词文章都具有一定的生活内涵，不要死记硬背，只要理解了其中的意境和思想，很多作品是很容易记忆的。

②形象记忆：诗词文章一般都可以形成生动的物象，记忆时要如有身临其境，仿佛亲自看到听到一样，这样会提高记忆效率。

③设身处地：在记较长的记叙文时，可以把自己想象为作品的主人公，带着浓厚的感情去读，与作品中的人物同悲共喜，记忆效果会显著提高。

④字头概括：记忆诗词时往往是第一个字想不起来，针对这个问题，在熟记了诗词后，可以提取每句的字头，用奇特联想法串起来，回忆时就方便多了。

⑤定位联想：把较长的文章按照一定的规律分出层次，每部分提炼出一个关键词，然后进行定位联想。回忆时，先从定位“货架”上提取关键词，在此基础上就会很容易地联想起全段内容。

⑥纲目记忆：有些文章需要从整体上把握，无须逐字逐句背诵，这种情况下可以将其归纳为提纲。就是需要全篇记住的，也

可拟好提纲作线索。

⑦批注记忆：学习一些较长的诗歌文章时，最好能随手写上批注，对文中的观点、论据、语言等予以评论，或记下自己的感想，这样会保持积极思维的状态，对记忆将十分有益。

◎ 巧妙饮食助记忆

摄取适量的"健康油脂"可减少血栓的发生，例如橄榄油、鱼油是维持血液正常循环的好选择，含有丰富维生素、矿物质的蔬菜、水果也是保持健康的上佳选择。有不少的人，不是记忆不得法，而是大脑中缺乏记忆信息传递员——乙酸胆碱。如果你经常吃点上述食物，便可极大地改善你的记忆力。

2. 数学公式的记忆

我们都有这样的经历，当学生时会一边做数学题，一边翻书找公式。有时候还会拿着一本《数理化公式》翻阅。在考试中，常常因为记不住公式而做错题。所以，我们针对记公式难的情况，通过下列 6 个步骤，帮助学生有效记数学公式。

（1）重视推导，理解掌握公式的形成过程

重视公式推理过程，不仅可以帮助我们记公式，还可帮助我们掌握基本解题方法。多数数学公式都有推导过程，但多数学生对公式的推导不重视，想着只要记着公式，并会应用就可以了，这种错误的思想困扰了许多学生。没有理解公式含义和来源，单纯地死记硬背，你就不会记住公式，更不能熟练运用。因此，在公式记忆中，要明白其中的原理，这样即使忘记公式，也能推导出来。

（2）找到数学公式的特点与相互联系，对公式进行自我加工再记忆

心理学理论告诉我们，对要记忆的内容进行再加工，不仅可以帮助我们快速记忆，还可在长时间不遗忘。所以，在推导出公式后，要先找公式的特点，对公式进行自己的加工，形成独特的记忆方法。

例如，三角函数部分公式多而杂，是令很多学生头痛的地方。我们可以这样加工一下公式，如：

① sin（a+b）=sinacosb+cosasinb

sin（a-b）=sinacosb-cosasinb

② cos（a+b）=cosacosb-sinasinb

cos（a-b）=cosacosb+sinasinb

公式①，右边展开式中简记为赛考考赛（谐音），展开式中的符号与角之间的符号相同；公式②右边展开式中简记为考考赛赛（谐音），展开式中的符号与角之间的符号相反。这样经过加工，记公式的效率将大大提高。

（3）在做题中记公式，不要单纯死记硬背公式

数学的学习是灵活多变的，记公式的目的是应用公式解决实际问题，而不是单纯死记硬背公式。在解题目过程中运用公式，可以让我们进一步熟悉公式及其应用，更深刻地理解公式、记忆公式，并且使公式有了应用的生命力。但是，千万不要一边做题一边看书查公式，而不作记忆，这样于记忆公式无益。值得注意

的是，基本公式要记牢记准，就可以推导出更复杂的公式了，但过多的公式推导会影响解题的速度，记忆能力强的人可记进一步推导出的公式，但必须记准确。

（4）将易混淆、易记错、难以记忆的公式进行整理

有一些公式记起来容易混淆，我们可以将此类公式专门进行整理，对这些公式特殊照顾，多看多记，而且记清楚，如定积分的题大多比较简单，但容易将 y=sinx 和 y=cosx 的导函数与原函数记混。又如二项式定理、点面距离、点线距离等公式，记起来有难度，这些公式归纳在一起，有助于我们特殊对待，逐一掌握。

（5）分析同类型题目，要总结常用公式

在做过一定数量的题目后，要对同类型题目进行分析，总结常见类型题目解题思路和常用公式，分试题类型归纳公式，将知识系统化。如分三角函数、概率、立体几何、数列、解析几何、导数解决函数问题几大类，整理出常考知识点和常用公式，形成自己的能够指导解题的公式大全。

（6）对照常用公式，查漏补缺，建立自己的公式库

在建立起分题目类型的常用公式后，要对照常用公式，根据每次做题的情况，对未记住的公式进行标记，单独整理，这样层层筛选，重点进行查漏补缺，建立自己独特的公式库，复习时就有适合自己的第一手资料，且有的放矢。

通过以上 6 个步骤的训练，你就不再害怕公式了，因为公式失分的情况会有所减少，你就不再埋怨公式难记。更重要的是，在数学学习中加入自己的主动性和创造性，体验到了学习的乐趣。因为会学而学会，因为学会而乐学，这样，对公式的记忆才会变得更简单。

3. 外语单词的记忆

不少人一提起学英语总是认为单词难记，语法难学。因此，学英语记忆单词是一大难关。很多人都是每天集中记背单词，时间花了不少，但效果不佳，背会后几天就忘了。那么该如何提高掌握的词汇量？其实，学好英语，记住英语单词，既要有科学的语言学习理论作指导，又要讲究学习方法。

记忆单词有一定的方法，具体为：

（1）象形记忆法

就是利用单词整体或局部结构的象形性（形状）想象到某种含义，加深印象，从而达到强化记忆的目的。如 eye 一词，字母 e 就像人的眼睛，而字母 y 就像是人的鼻子，刚好在鼻子两边有一对眼睛。这样几秒钟就可记住了。

（2）归纳词根记忆法

就是按照构词基本知识，把具有相同词根的单词归纳到一起来记忆，如 care，careful，carefully，careless，carelessness；也可把同一前缀或后缀的词归纳在一起记，如 unhappy，unpopular，unlucky，uncomfortable 等等。

（3）单词分类记忆法

①人体各部分名称（按从大到小，从头到脚排列）；②动物（按英文字顺排列）；③植物；④亲属与尊称（按辈分排列，最后是尊称）；⑤季节；⑥月份；⑦星期；⑧数词（注意用构词法记

忆）；⑨介词；⑩连接词；⑪代词；⑫不规则动词表（有相同特点的排在一起）等等。

（4）比较单词记忆法

就是通过对单词之间音形、词义的比较分类，找出其异同，分别记忆，从而避免单词之间弄混记错。如：改变一个元音的词，fall，full；改变一个辅音的词，day，lay，may，gay，pay，ray，say，way；音同而形义不同的词，write 和 right，too 和 two；形同而音义不同，quite（十分）和 quiet（安静的）；音形相同而意义不同，stick（粘贴）和 stick（木棍）等等。

在学习英语时，我们可以通过形象想象、感官活动，专心致志，进行充分的形象联想和编一些小故事，尽量把母语文化与外语文化连接在一起，从而为学习外语提供有利条件。

形象想象可使人超越外语到母语的翻译过程，它能及时提供具体的表达词汇。其具体做法是，采用形象想象学习有关物体的外语词汇，并尽可能准确地重复其发音。或者形象想象一个场景，并设身处于这个场景，口念所学外语的词汇，身体做出相应的姿势。

谁都知道，这一切纯属于思想层面的，完全是主观的。但这种做法，却增加了人们对英文词汇的准确而深刻的理解，赋予人们生活相联系的故事性色彩，从而巩固对英文词汇的记忆。在这种学习和记忆的过程中，人们发挥了自己的想象力，并使自己的一切感官活动起来，为学习和记忆服务。

在学习外语时，专心致志是继形象想象之后的重要记忆技巧。所谓专心致志，就是把精力集中在词汇的含义和句子的结构方面。

总之，无论哪种方法都离不开多听、多说、多读、多写、多译等。我们要不断加强自身的学习和规律的总结与探索，采用科学的、行之有效的记忆方法，认真地、及时地、同期性地复习，寻找到适合自己的最佳方法。

4. 物理知识的记忆

在一定程度上，记忆力标志着一个人的智力水平。一个人记忆得如何，跟是否掌握正确的记忆方法有密切的关系。因此，引导学生掌握正确的记忆方法，培养和训练他们的记忆力，是物理学习中一个重要的、影响深远的环节。

物理就是“悟理”。物理科目中有大量的公式，能不能学好物理，关键在于能不能理解和记忆这些公式。那么，在学习物理时，如何能轻松地记住那些枯燥的公式呢？我们在这里总结了如下几种方法：

（1）联想法

前文说过，联想能使脑神经细胞兴奋，在大脑皮层留下清晰的印迹，因而，记忆十分牢固。那么，在物理知识的记忆中，我们如何利用联想法来记忆呢？

如在物理教材中讲述“一个运动钢球（m_1）对心碰撞另一个静止钢球（m_2）”的规律时，两钢球碰撞后的速度表达式是：

① $$v_1' = \frac{v_1(m_1 - m_2) + 2m_2v_2}{m_1 + m_2}$$

② $$v_2' = \frac{v_2(m_2 - m_1) + 2m_1v_1}{m_1 + m_2}$$

在实际处理问题时，只要记住①、②两式就能解决这一类碰撞问题，而不必每次解题都要重新推导①、②两式的来龙去脉。学习中应用这两式来讨论有关问题时，常常将式中分子项的脚标搞混乱。为澄清这种混乱，可把碰撞现象与公式联系起来看：由于是 m_1 去碰 m_2，我们就可把①式中的分子项"m_1-m_2"视为"$m_1 \rightarrow m_2$"，即把减号"—"形象地看成为动作指向的箭头"→"，把"m_1-m_2"形象地读作"运动球 m_1 →（去碰）静止球 m_2"〔或称：主动球 m_1 →（去碰）被动球 m_2〕。作了如此联想后，即使以后遇到题目叙述为"运动的 B 球去碰静止的 A 球"，也能迅速正确地写出表达式来。对于②式中的分子项，则只要记住它是"主动球动量的 2 倍（$2m_1v_1$）"即可。除此之外，①、②两式的分母均相同，无所谓记忆困难。

（2）谐音法

谐音记忆法是一种巧妙的、用途广泛的记忆方法。如：3 个宇宙速度的数值记法。可按读音编成谐音的 3 个短句来帮助记忆：

v_1=7.9 千米 / 秒（谐音：吃点酒）

v_2=11.2 千米 / 秒（谐音：要一点儿）

v_3=16.7 千米 / 秒（谐音：要留点吃）

记忆这组谐音时，把 3 个谐音短句作为一个故事情节来理解，意思是：一个无钱的酒鬼去讨酒吃，向店家喊道："吃点酒。"店家不允，酒鬼乞讨说："要一点儿（嘛）。"店家当时余酒不多，答道："要留点（来自己）吃。"作了这样的奇特联想后，就很容易记住这 3 个宇宙速度。

（3）歌诀法

有些内容枯燥、零散的材料，难于记忆，这时就适宜借助歌诀来帮助记忆。比如在学习"原子核物理"知识时，常常需要填写核反应方程和判断核反应生成的元素，这就要求能记得元素周期表上的前 20 号元素（化学方面的要求亦是如此），而这些元素名称是单调、枯燥的，可先把它们按序数排列：

1 氢、2 氦、3 锂、4 铍、5 硼、6 碳、7 氮、8 氧、9 氟……

然后编成谐音的歌诀形式（按谐音意思分类）：

一青、二黑、三黎（明）（颜色类）

四琵、五朋、六弹（琴）（娱乐类）

七蛋、八羊、九幅（画）（物名类）

……

试验结果表明：这种离奇、可笑的谐音联想，给我们的印象是相当深刻、牢固的。

（4）观察法

进行观察记忆时，必须开动脑筋，分析比较，抓住特征。学生的观察记忆力一般不强，漫不经心的观察不能帮助他们准确记住应记的对象。这种表现在对一些物理常数的记忆上较为明显。比如记忆万有引力恒量，$G=6.67\times10^{-11}$（$N\cdot m^2/kg^2$）和普朗克恒量 $h=6.63\times10^{-34}$（J•S），学生时常对这两个恒量值发生混淆、模糊，只记得”大约是六点六几……”（不能准确回答）。若仔细观察可以发现，万有引力恒量“6.67”的“7”字，犹如“力”字少了一撇，可把“力”与“7”发生联想（或用谐音来联想“力”与“7”）；普朗克恒量中“6.63”的“3”，犹如光子能量符号“ε”（即 $\varepsilon=hv$）反过来写。而普朗克恒量值在中学课本里，只在光量子知识中用到，所以，可把光子能量符号“ε”与“3”发生形象的联想。至于记忆幂指数“10^{-11}”与“10^{-34}”，前者为两个“1”组成，后者为两个相邻数字“3”与“4”组成。这样，对它们的记忆就清晰多了。

（5）图示法

图示的特点是直观、容易引起联想，从中得到暗示和启发。比如：在学习热力学第一定律时，记不清3个物理量 ΔE、Q、W 的“正、负”符号之规定，可画一个方框示意图。

把方框当作研究系统：凡是从外界吸收能量（Q与w）进入系统时为“正”（方框上箭头从外向内示意“吸收”），凡是从系统内部向外界放出能量（Q与W）时为“负”（方框上箭头从内向外示意“放出”）；凡是内能增加（方框中箭头向上）时 ΔE 为“正”，内能减少（方框中箭头向下）时 ΔE 为“负”。

（6）联系实验法

间接回忆是在中介性联系参加之下实现的再现。利用演示实验和学生实验的装置形象、实验的原理图或实验的情节，来跟易混、易忘的知识挂上钩，能加深对知识的理解和记忆。比如：“光的干涉”知识里，导出的公式。由于这一部分“干涉”知识在学习和应用中重复的机会少；闭书作业时常常将公式写错（分子分母混乱、颠倒）。为此，联系实验在干涉实验中，几何尺寸最长的是暗箱长度L，最短的是光波波长 λ，余下的就是双缝间距 d 和条纹间距 Δx（取名“中等量”），它们之间的大小顺序为：$L >> \Delta x$ 与 $d >> \lambda$，我们只需将原公式变形记作 $\Delta x \cdot d = L \cdot \lambda$ 的乘积形式，再把它与实验中的几何尺寸联系起来，就不难看出这种乘积形式的关系是：“中等量 × 中等量 = 最长量 × 最短量”。

（7）因果法

在明确概念、规律的前因后果的基础上达到理解记忆的方法。例如，只有了解了欧姆定律的来龙去脉，知道它只适用于导体，即纯电阻，才能明确在应用焦耳定律时，应首先考虑发热体是否为纯电阻，不能乱套公式 $Q=UIt$ 及 $Q=U^2t/R$。因为此两式是实验

定律 $Q=I^2Rt$ 与欧姆定律推导而来的，必须符合欧姆定律的条件，相应地就从根本上记住了定律及应用条件。

（8）表象法

利用某事例在头脑中映象的形象性和概括性而引起记忆的方法。一般有以下几种：

①利用熟知的生活事例激发记忆。对“质量一定时、体积大的物质密度小”以及“体积一定时，质量大的物质密度大”的道理想不通、记不住，可借用生活经验，“一斤棉花一斤铁”（质量一样），棉花体积大、密度小以及“大小、形状相同（体积一定）的铜勺和铝勺”，铜勺的质量多是因为它的密度大，将抽象转化为具体，使记忆有依托。

②利用演示实验中的明显结论，激发理解记忆。如在进行比热概念学习时，可先理解并牢牢记住“质量相等的水和煤油，吸收相同的热量时（时间相同），煤油升温快”这个实验结论。以此为基础，再记忆“比热大的吸热多”及“比热小的升温快（其他条件相同）”等规律。

③对较难理解的抽象规律，用实验予以具体形象说明，激发深刻记忆。如电学学习中，额定功率、实际功率、短接、短路的概念及串并联电路分电流、分电压、分功率的规律往往理解不深，记忆较困难。

（9）公式法

利用公式的物理含义进行逻辑记忆的方法。“看公式、记概念（规律），易记又方便。”如从电流强度的定义式 $I=Q/t$ 出发，理解并记忆所谓电流强度，就是单位时间内通过导体横截面积的电量。

（10）比较法

“比较”是认识事物的重要方法，也是进行记忆的有效方法。

它可以帮助我们准确地辨别记忆对象，抓住它们的不同特征进行记忆；也可以帮助我们从事物之间的联系上来掌握记忆对象；还可以帮助我们理解记忆对象。比较记忆法在物理学习中会经常用到，如：比较电阻（和电容）的串、并联特点；比较电场与重力场；比较重量与质量；比较左手定则与右手定则；比较 α、β、γ 衰变；比较几个守恒定律，等等。

（11）归纳法

将具有相同属性的一类物理知识，依据相互联系，综合归纳成一有机的知识整体，从而达到整体记忆的效果。

5. 化学知识的记忆

有趣味的东西能引起兴趣，导致神经兴奋，激起学习动机，创造最佳的记忆心理状态，易于记忆，并能牢固保持。因此，在学习的过程中，应该把一些枯燥无味难于记忆的化学知识尽可能趣味化。如编选歌诀、利用谐音、形象比喻等方法，可以帮助记忆。

（1）歌诀记忆法

歌诀记忆法就是针对需要记忆的化学知识利用音韵编成，融知识性与趣味性于一体，读起来朗朗上口，利记易诵。如从细口瓶中向试管中倾倒液体的操作歌诀："掌向标签三指握，两口相对视线落。""三指握"是指持试管时用拇指、食指、中指握紧试管；"视线落"是指倾倒液体时要观察试管内的液体量，以防倾倒过多。

在掌握化学方程式的书写要领时，我们可以编个这样的要诀：

左写反应物，右边写生成，

写对化学式，系数来配平，

中间连等号，条件要注清，

生成沉淀气，箭头来标明。

歌诀在学习过程中确实可以用来帮助记忆，使你轻松愉快地巩固学习成果。

（2）谐音记忆法

谐音记忆法就是把需要记忆的化学内容跟日常生活中的谐音结合起来进行记忆。如地壳中各元素的百分含量前三位是“氧、硅、铝”，可谐北方音为“养闺女”。再如，金属活动顺序为：钾、钙、钠、镁、铝、锰、锌、铁；锡、铅、铜、汞、银、铂、金，可谐音为：“加个那美丽的新的锡铅统共一百斤。”

（3）会意记忆法

会意记忆法就是把一些抽象的概念进行自我理解和再加工处理，然后去巧记。如氢气或一氧化碳还原氧化铜的实验操作是：实验开始时，先通气后加热，实验结束时，先停止加热后停止通气，因此可会意记作：“气体早出晚归，酒精灯迟到早退。”再如把4种基本反应类型分别会意成“一分为二”（分解反应）、“合二为一”（化合反应）、“取而代之”（置换反应）、“相互交换”（复分解反应）。

（4）联想记忆法

联想记忆法就是把一些化学实验或概念用联想的方法进行记忆。联想法是带有验证性的记忆方法，是新旧知识建立联系的产物。在化学学习过程中应抓住问题特征，由此及彼发展联想。如记忆氢气、碳、一氧化碳还原氧化铜的实验过程可用实验联想，对比联想。再如将单质与化合物两个概念放在一起来记忆："由同（不同）种元素组成的纯净物叫做单质（化合物）。对于文字较少而又零乱的难以记忆的小问题要抓住关键字词进行奇特联想，如氢氧化钠的用途是：用于肥皂、石油、造纸、纺织、印染等工业上，可记为"纸（织）上染了肥油"。如硫在氧气中燃烧，记忆联想为：

燃硫入氧，燃烧变旺，
火焰蓝紫，美丽漂亮，
产生气体，可真够"呛"。

磷在氧气中燃烧，记忆联想：

红磷燃烧，可真热闹，
浓烟滚滚，亮似"灯泡"。

（5）浓缩记忆法

浓缩记忆法就是针对一类化学知识或规律在深刻理解的基础上，可选取有代表性的字或词缩略成提纲挈领的骨架进行记忆。如实验室制氧气的 7 个实验步骤记为："检、装、夹、点、收、移、熄。""检"指检查装置是否漏气；"装"指往试管里装药品；"夹"指把试管夹在铁架台上；"点"指点燃酒精灯；"收"指收集气体；"移"指把导管先移出水面；"熄"指熄灭酒精灯。再如过滤操作中的注意点浓缩为："一贴、二低、三靠"。

（6）猜谜记忆法

猜谜记忆法就是把一些化学知识编成富有知识性、趣味性、生动形象幽默的谜语进行记忆。如记忆一氧化碳性质的谜语是："左侧月儿弯，右侧月儿圆，弯月能取暖，圆月能助燃，有毒无色味，还原又可燃。"

◎ 好记性要科学用脑

在保证营养，积极休息，进行体育锻炼等保养大脑的基础上科学用脑。只有防止过度疲劳，保持积极乐观的情绪，才能大大提高大脑的工作效率。这是提高记忆力的关键。

6．历史知识的记忆

准确记忆基础知识是学好历史的是第一步，历史知识纷繁复杂，千头万绪，但是记忆历史知识是有技巧的。我们总结了 10 种方法，如果学会用活，则能做到举一反三。

（1）等差数列记忆法

根据历史年代排列所呈现的数学规律来记忆。例如，《辛丑条约》签订、辛亥革命爆发、中共诞生、九·一八事变发生，这 4 个历史事件分别发生在 1901 年、1911 年、1921 年、1931 年，这 4 个数字恰好组成了一个以 10 为公差的等差数列。

（2）数字表示法

把某一历史知识通过一个或几个数字概括出来，形成要点。如：将《秦朝中央集权制度》的影响可概括为一奠、二每、三利。一奠，奠定中国 2000 多年政治制度的基本格局；二每，指把全国每户人家、每个地方纳入国家政治体制之中；三利，指有利于国家统一，有利于中华民族的发展，有利于封建经济的发展。

（3）提取字眼法

提取某一历史知识每一句的一个或几个字为要点，组成另一个词或一句话。如：《南京条约》内容可记作“五亿（议）港元”。“五”指开放广州、厦门、福州、宁波、上海五处为通商口岸；“亿（议）”指英商进出口货物所应缴纳的税款，由中英双方议定；“港”指将香港岛割给英国；“元”指清政府向英国赔款2100万元。

（4）谐音趣味记忆法

即把某一历史知识的几个关键知识用谐音或组成有趣味的几个字帮助记忆。如：我们记忆英国光荣革命的时间（1688年）可用谐音，一路发发；记忆克利期提尼这个名字，可设想“克里是你姨”，这样趣味性强，记得快而牢。

（5）关键字词法

抓住某一历史知识的关键字词归纳成要点从而提高记忆效果。如：我们记忆《古代希腊民主政治》可用几个关键字掌握，即①背景；②发展；③灭亡。①背景：经济（工商业发展）；政治（氏族制度瓦解）；地理（小国、海洋）。②发展：3次改革（奠基：梭伦，确立：克利期提尼，繁荣：伯利克里。③灭亡：雅典民主的局限；政治经济发展。

（6）概括记忆法

将某一历史知识加以概括，使之简单化。如：《英国君主立宪制的建立》可概括为：①前提，光荣革命；②确立，《权利法案》；③发展，责任制内阁的形成。这样学生对《英国君主立宪制的建立》的知识就容易掌握了。

（7）图表记忆法

借助图表，调动视觉功能，去启发想象力，它能化繁为简，可以一目了然地反映历史的演变轨迹，可以把历史知识凝聚成点，化点为面，达到增强记忆的目的。

（8）归类记忆法

这种方法适用于单元或总复习。历史课本的内容十分繁复，孤立地去死记硬背历史基础知识，必然弄得头晕脑胀，结果还是糊里糊涂“一锅粥”。如果采取归类记忆法，把历史基础知识分门别类地、按问题的性质依次归纳到一起，捋出一条条线索，就便于记忆了。这就是归类记忆法。

（9）比较记忆法

这种方法适宜记忆那些历史上经常发生的重大历史事件，像战争、政治改革、不平等条约等等。这类历史上经常发生的事件，彼此之间，或因其性质相同，或因其表现形式相似，记忆时往往容易互相混淆。比较记忆法最能克服混淆。比较，可以明显地揭示出历史事件彼此之间的相同点和不同点，突出它们各自的特征，这就便于对它们加深理解、增强记忆。如我们将甲午中日战争和全面侵华战争进行比较：同，蓄谋已久、为摆脱国内危机、制造大屠杀等；异，结果不同、抗战的规模不同、抗战的方式不同。然后记忆，既能牢固记忆，又能加深理解，一举两得。

（10）网络记忆法

这种方法适宜记忆一个或一些复杂的历史事件，靠机械识记的方法去死记硬背，留在脑海里的印象是杂乱无章、模糊不清的，回忆起来也必然是支离破碎、残缺不全的。如果我们经过认真分析，首先找出这个或这些历史事件有几个要点，再进一步弄清这几个要点之间的联系，这样形成一个网络，就便于记住了。当需要回忆的时候，只要把这个网络撒开，储存在脑里的有关这个历史事件的印象，就会完整、准确、清晰、迅速地重现。这就是网络记忆法。比如，要记忆中国近代史的相关知识，可先编织知识网络为：

①时间范围，1840 — 1949；

②一个社会形态，半殖民地半封建社会；

③两个社会矛盾，民族矛盾、阶级矛盾；

④两个革命时期，旧民主主义革命→新民主主义革命；

⑤两个革命任务，反封建反侵略；

⑥三个统治政权，晚清政府→北洋军阀政府→南京国民政府。（思考：每个政权统治时期可以分为哪几个小时期。）

总之，历史事件的时间不是单纯、孤立的，而是相互联系的。如果我们在学习中能找出它们之间的相同、相似和相关的联系，并能灵活地运用这些联系，去理解记忆历史事件的时间，就可以提高记忆效率。

7. 地理知识的记忆

地理知识丰富，涉及的范围也广，很多同学乐学地理，但又害怕记忆地理知识。现向同学们提供一些既有趣又行之有效的记忆方法。

（1）比喻记忆法

是指把所要记忆的地理知识与人们熟知的相关知识联系起来完成记忆的方法。科学、准确的比喻记忆能够使抽象的内容具体化、枯燥的内容趣味化、复杂的内容简单化。例如：记忆气压带、风带的季节移动时，可比喻为燕子的季节迁徙。记忆太阳系九大行星中卫星数最多的行星——土星时，可以将其比作土霸王。

（2）字头记忆法

是指把一系列地理事物的字头串联起来完成记忆的方法。例如：记忆九大行星距日远近时，可以这样记忆：水金地、火木土、天海冥。

（3）谐音记忆法

是指把需要记忆的地理知识通过谐音组合到一块，然后联想创造出一种意境的记忆方法。对于难记忆的地理知识利用谐音联想记忆，便于想象，能极大地调动自己的积极性和兴趣性，收到“记中乐，乐中记”的艺术效果。如黑色金属主要包括铁、铬、锰等，可以采用“铁哥们”作谐音记忆。又如类地行星主要成分是氢、氖、氦，可以采用“勤奶孩子”作谐音记忆。又如记忆江河年径流总量排序时，可以这样：“径流巴西，俄（我）加（家）（有）美印（人）尼（你）中吗？”又如记忆地壳中含量最多的元素时，可以这样：“氧（养）硅（闺）铝（女），铁（贴）钙（给）钠（哪）钾（家）镁（美）？”又如记忆草场资源丰富的国家时，可以这样：俄（我）新（心）中美澳，阿蒙（门）。又如记忆世界主要粮食出口国，可以这样：美加法（深）澳阿，该出口时就出口。

（4）接近联想记忆法

根据有些地理事物在时间上或空间上有所接近之处而建立起来的联想记忆方法。通过接近联想有助于我们将新、旧知识联系起来，增强知识的凝聚力。如复习亚马逊平原时，从同一地理空间进行联系，想到亚马逊河，全年水量丰富，季节变化量小；想到世界上最大的热带雨林区，树种丰富，破坏严重，“世界肺脏”

作用正在不断减弱。又如，记忆洋流的分布规律时，在中低纬形成以副热带为中心的反气旋型大洋环流，想到北半球的反气旋是顺时针方向流动，东西风向如何就一目了然了。

（5）类似联想记忆法

是根据地理事物之间在性质、成因、规律等方面有类似之处而建立起来的记忆方法。通过类似联想有助于我们发现地理事物的共性，强化记忆。如里海与日本的面积大约都为37万平方千米。又如温带季风气候区和温带海洋气候区内的自然带均为温带落叶阔叶林带。

（6）对比联想记忆法

是指根据地理事物之间具有明显对立性特点加以联想的记忆方法。通过对比联想，有助于我们比较地理事物的差异性，掌握各自的特性，增强记忆。如气旋和反气旋是大气中最常见的运动形式，其气压分布状况、气流状况、天气状况都相反，学习时，只需记一种即可。

（7）从属联想记忆法

是根据地理事物之间因果、从属、并列等关系增强知识凝聚的联想记忆方法。通过关系联想，引导思考、理解地理知识彼此之间的关系，使思考问题有明确的方向，感到有些地理知识多而不杂，杂而不乱，有规律可循。如因果关系，地理自转→地转偏向力→盛行风向→洋流的流向；从属关系，总星系→银河系→太阳系→地月系；并列关系，风化作用→侵蚀作用→搬运作用→沉积作用→固结成岩作用。

（8）聚散联想记忆法

是指运用聚合思维对一定数量的知识通过联想，按照一定的规律组合到一起或运用发散思维对同一地理知识，从多方面进行联系的记忆方法。包括聚合联想记忆法和发散联想记忆法，互为逆过程。运用聚散联想记忆法有助于学习时举一反三，触类旁通，扩大思路，建立地理知识的“联想集团”。如有关赤道的知识，可运用发散思维从下列各点进行说明：地理上最长的纬线；纬度最低的纬线；距南北两极距离相等的纬线；南、北半球的分界线；南北纬度划分的起始线；地转偏向力为零的纬线；仰望北极星仰角为零的纬线；全年昼夜平分的纬线；地理自转线速度最大的纬线。

反之，运用聚合思维可以说明上述所指纬线都是赤道。

（9）形象联想记忆法

是把所需要记忆的材料同某种具体的事物、数字、字母、汉字或几何图形等联系起来，借助形象思维加以记忆。形象联想既有利于激发兴趣、调动学习的积极性，又有利于加深记忆。如新疆的地形特征可与新疆的“疆”的右半部分联系起来，“三横”表示三山即阿尔泰山、天山和昆仑山：“两田”表示两大盆地即准噶尔盆地和塔里木盆地。又如意大利的轮廓图像高跟靴子。

（10）奇特联想记忆法

是指利用一些离奇古怪的联想方法，把零散的地理知识串到一块在大脑中形成一连串物象的记忆方法。通过奇特联想，能增强知识对我们的吸引力和刺激性，从而使需要记忆的内容深刻地烙在脑海中。如柴达木盆地中有矿区和铁路，记忆时可编成“冷湖向东把鱼打（卡），打柴（大柴旦）南去锡山（锡铁山）下，挥汗（察尔汗）砍得格尔木，火车运送到茶卡”。

◎ 分散式学习

心理学家阿尔玛做了这样一个实验。他让两组智力水平差不多的学生，都读一份学生们涉及不多的经济方面的材料，但两组的读法不同。第一组一天读 5 遍；第二组每天读一遍，连续读 5 天。刚读完时检验两组的记忆情况，成绩都差不多。但两星期之后再次检查时差别就出现了：第二组的成绩比第一组要好得多，第二组记住了材料的 1/3，而第一组只记住了 1/100。

造成上述实验结果的原因是什么呢？原因就在于在分散式的学习中，学生有休息时间来巩固而促进记忆力的提高。而且分散式学习可以避免因长时间学习而造成的兴趣下降，注意力减退等问题。同时，分散式学习还可以避免前后所记忆的材料互相干扰。

第五章

生活记忆：生活必需的记忆术

1. 日常物品的记忆

在日常生活中，我们常常会遇到找不到一些小物品的情况。例如眼镜、小刀、大头针、钥匙、钱包等。这些小物件看似一般，但如果缺少了或找不到了，却让人非常头疼。假如当你匆匆地在单位赶完最后一份文件之后，终于下班了，拎起你的包便往家里赶，可能你还想着晚上要准备一桌子佳肴来慰劳一下你自己及家人。然而异常事情突然出现了，钥匙找不到了。在把包翻了一个底朝天，以及全身上下都搜查一遍后，你只能确信钥匙被落在办公室了。因为你在上班时是带着钥匙，锁上门了的。然而单位离家有很长一段路，再折回去找钥匙很麻烦。此时你的心情一定会差到极点，更不要提晚上想露一手的想法了。

生活中类似这样的事情很多，出现这样的事情就会给我们的生活带来不便。那么如何减少和避免这样的事情发生呢？在我们要找某样物品时，便能准确地找到它的所在呢？这就同样需要加强我们的记忆力。增强记忆力不仅仅是为了帮助我们记住更多的知识，使我们的知识面扩大，良好的记忆力，也会给我们的生活带来轻松和愉快。随着生活的继续，物品不断地增加，如何才能快速地将需要的物品从它存放的位置找出来，其办法可以有以下几种：

首先，在收拾和整理房间时，应当注意分类存放物品。具体将物品分哪些类，如何分类，可以由你自己确定，毕竟在找物品时，必须由你自己去回忆物品与何种类型的物品存放在一起，并找出物品。一个井然有序、整齐妥帖的家居及办公环境，都需要主人具有一定的归类整理能力。从房间的布置，物品存放上也可以看出一个人的办事能力。能够清楚自己的物品所在地，并准确找出来的人，他在做其他任何事情时，也必然是有条有理，从容不迫的。

其次，做到每次使用完物品后，能够将其放回原处。这是一个十分重要而极其良好的习惯。那些总是在找东西的人，就是没有养成这样的习惯。打电话时要记电话号码，顺便把笔落在了电话旁边；洗脸时摘下眼镜，就把眼镜丢在洗脸池边上；边看电视边吃饭，便把饭碗放在茶几上；边上网边打手机，又将手机放在电脑旁边；更有甚者，在开门时忘了拔钥匙，便把钥匙落在门锁上。当第二天出门要找钥匙时，把家里全翻了一遍，也找不到钥匙的踪影。像这样的一些现象，都是因为没有养成将使用完的物品放回原处的习惯，遇到要找某件物品时，只能全方位地搜索，费时费力，甚至还会给自己造成紧张情绪。试想一下，如果找不到了存折或者银行卡，或者某份十万火急的文件，那岂不是非常麻烦。因此养成好的习惯，是解决这些难题的法宝。

再次，对于那些经常要使用的物品可以单独存放，以免分头寻找而造成麻烦。例如，每天出门时常带的东西可以放在一起，因为这些东西比较杂乱、零碎，如钥匙、钱包、公交卡、笔记本、手机、证件等。你可以准备一个抽屉、一个夹子或者一个公文包，单独装这些物件。出门时不必清点，直接拿走一定不会有错，进门时将其放在门口易看见的地方。同样的情况还有如出门买菜时要带的物品、外出洗澡、游泳要带的物品等，都可以单独作为一类存放，以免造成混乱。

最后，非常重要的一点是自己一定要对自己的记忆力有信心。一些人总是向别人倾诉自己爱丢三落四的习惯，而且在倾诉时没有丝毫的惭愧，或者不以为然。可以预测这种人便只能一辈子都在找东西。如果你认识到自己有忘记东西的习惯，就一定要趁早将其改掉，坚定信念，只要自己有意识地去改变，就不会再出现忘东忘西的情况了。事情要从小做起，细微到一根缝衣针也能将其放置于确定的位置，并能随时取出。细小的事情能做好，大的事情便也不会出差错，而且小事情出差错也许我们还能承受得起，大的事情出一次差错，恐怕就要后悔终身了。从小事做起，养成良好的习惯，为做大事情打好基础，这样的人无论从事何种职业，无论做什么事情，都会取得一定的成就。

物品存放的记忆概括起来等于“收拾”加上“良好的使用习惯”加上“特殊物品单独存放”加上“记忆自信心”。有了这几样法宝，你就不会老问自己：我的东西去哪里了？

◎ 怎样记住电脑键盘

坐在电脑前，双手的食指分别放在“f”“j”这两个键上。你发现没有，整个键盘，也只有这两个键特殊，上面有疙瘩——这两个键就是我们找到感觉的关键！一旦找到了感觉，可以举一反三，全盘就在掌握之中了。

下面，我们可以这样去找键了：哥说的事最大（gfdsa）；喝鸡血了吗（hjklmn）？别叨吃西瓜汁（bvcxz）；他日饿无气（trewq）；你还爱我不（yuiop）？

2. 数字记忆

在我们的生活、工作、学习过程中，离不开数字的身影，例如年、月、日、时的表述，商品的数量、价格，学习成绩，各行各业的统计数据等，无不需要数字，数字就犹如人体内的细胞组织，哪里都缺少不了。

数字的基本构成只有 1、2、3、4、5、6、7、8、9 和 0 十个数字，但是这 10 个数按照不同的规则组合在一起，就能变化为各式各样的数，那么怎样来记忆这些数便成为难点，因为数字本身是单调的，而且数字的不断重复又给我们增加了记忆的难度。

要记住数字，就要将这些抽象的数字形象化，使这些数字变成有生命的物体，并将其巧妙地与其他事物进行联想，才能达到较好的记忆效果。

将数字形象化的方法有两种：一种是根据数字的字形予以想象，找出相应的词来代替；一种是根据数字的谐音予以想象，找出相应的词予以代替。

（1）象形记忆法

按照每个数字的形状，将其做形象化的处理，用一种实物来对应，可便于记忆。在儿童刚开始识字时，我们便采用这种方法来教他们，将10个数字编成下面一首琅琅上口，十分形象的儿歌：1像铅笔能写字，2像天鹅水中游，3像耳朵听声音，4像小旗迎风飘，5像鱼钩把鱼钓，6像口哨咧嘴笑，7像锄头能耕地，8像葫芦藤上吊，9像勺子能盛汤，0像鸡蛋做蛋糕。

采用这种方法对于记忆单个数字是很好的，只需想象一下数字的形状，就能立刻记住该数字。例如，要记住你朋友的住址：1号楼3单元202。

1号楼：头脑中浮现出铅笔的样子。

3单元：用耳朵听着你的脚步声，迎接你的到来。

202：在两只天鹅中间有一个鹅蛋。

连起来就可以想象记忆为：你想去朋友家拿铅笔（1），朋友一直竖着耳朵（3）听你的脚步声，等着你的到来，在朋友的家里有两只天鹅（2）和一个鹅蛋（0），两只天鹅在鹅蛋的两边站着，它们在思考着，这个蛋到底是谁生的呢？

再例如，你要到4楼去听课，可记忆为：你骑着小旗飞到了教室。

你5点要去见一位客人，可记忆为：你那位客人正拿着鱼钩在等你去钓鱼。

但是，如果用这种方法要记忆多位数字，就比较复杂了，例如要记住223，743，34，83，65646，189988等这些两位及其以上的数字，就会很麻烦。因为这种方法是以单个数字作为一个记忆单元，随着数字的增加和重复，那么记忆的负担就会越来越重，比起记住数字本身来说，象形记忆法并不能简便多少。

（2）谐音记忆法

谐音记忆法，是在数字的读音基础上，采用读音相同或者相近的字或者词，便于联想从而加强记忆的方法。例如公元1492年，可以记忆为“医师救耳”，即可以想象为一位医师正在挽救病人的耳朵。刑法一共有452条可以记忆为“是吾耳”，即是我的耳朵。谐音记忆法非常灵活，不管是多少位的数字，都可以采用，越是多位数字，越能体现谐音记忆法的魅力。

例如，记忆以下几组电话号码：

367482，那个三流（36）的骑士（74）是个白耳（82）朵；

653278，漏屋（65）里有一朵闪亮（32）的奇葩（78）；

877856，白棋（（87）方启发（78）了五楼（56）的黑棋方；

5428791，我（5）死（4）二（2）伯（8）吃（7）酒（9）也（1）。

用这种方法，所有的数字，无论是一位数还是多位数，都能够找到它们相应的谐音代码词，然后加以超级联想，就一定能够记住所有要记的数字。

当你能够熟练掌握谐音记忆方法后，数字的谐音代码词就不必受到限制，可以自己根据情况灵活地选择，使之更有利于记忆。同时，也不必拘泥于以两个数字为一个记忆段，可以根据需要用多个数字作为一个记忆段，在位数较多的数字中常常要做这样的处理。例如下面两个例子，就是以6位数作为一个记忆段。

例一，记忆这组数字：883079471699405864871226。

第一步，先将数字按6位数一组整理成几组：883479、471699，405864，871226

第二步，将每组数字进行谐音处理，得到下面的几个句子：爸爸（88）一个人在山洞（0）里吃酒（79）；

司机（47）一路（16）上找舅舅（99）；

司令（40）请吾爸（(58）当律师（64）；

吧卿（87）一声，把婴儿（12）的一辆二流（26）车给摔坏了。

例二，记忆24位的数字：128615473027876428192653。

记忆程序可以分为如下步骤：

先将数字分段处理为4组，128615，473027，876428，1926530。然后将每一组数字进行谐音转化处理。

先看第一组，数字转化成中文，“婴儿（12）穿着八路（86）军的衣服（15）”。

再看第二组，数字转化成中文，“司机（47）到山洞（30）去找儿媳（7）”。

再看第三组，数字转化成中文，“吧唧（87）打了律师（64）一耳刮（28）”。

最后看第四组，数字转化成中文，“小舅（19）上了二楼（26）吃午餐（53）”。

到此数字转化过程结束，下面要做的就是将这几句话记住，尤其是对其中的一些数字代码词要记清楚。

3. 时间记忆法

如果你不幸忘记了一次重要的约会，你可能会因此而深感遗憾；如果不能及时提醒你处理重要的事情，你也可能就此而失去机会。你可以忘记自己的生日，但是如果你连自己爱人的生日、孩子的生日都给忘记了，那么在你回家的时候，可能会有一些小麻烦等着你。作为一个特别忙碌的人，或者经常有很多社交活动的人，你必须要有较强的记忆时间的能力。

那么，如何才能记住这些重要的时间以及事件呢？有种记忆方法是很有必要掌握的。这种记忆方法就是一旦你有一个需要记住的重要时间，你就要对此时间和事件之间进行一种有意联想。靠产生的这种联想，你能够回忆起某一天的全部事件，而不必使用笔记或备忘录之类的辅助工具，而且这样会使你的记忆力得到很好的锻炼和提高。

运用数字记忆法记住约会时间的方法如下：

你要做的第一件事，是给每周的每天分配 1 个数字。因为一周有 7 天，所以数字应该是从 1—7。根据日历，星期日应该是每周的第一天，但是也有许多人把星期一作为第一天。在以下的内容中，我们把星期一作为第一天。如果你习惯把星期日作为第一天，那就做相应的变动。按照这种方式，每天相应的数字应该是：

星期一：1

星期二：2

星期三：3

星期四：4

星期五：5

星期六：6

星期日：7

然后把一天的每一个小时转换成相应的数字。如果具体的时间是整点，就由相应的数字代表，从1—4，分别代表一天中的任意整点时间。如果是9点15分，那么可以表示为9.15；10点20可以表示为10.2；下午5点35分则可以表示为17.35。依此方法，你可以将每一天中的任意时间用数字表示。

例如，以下一些时间的转换：

周一晚8点40分，可以转化为数字：120.400。周四早晨4点10分，可以转化为：44.100。

周日中午12点50分，可以转化为712.500。周五晚11点，可以转化为5110。

周三下午4点25分，可以转化为316.250。周六10点11分，可以转化为：610.110。周二凌晨2点零8分，可以转化为22.080。

那么，接下来要做的事情就是将这些数字记住。这其实很简单，利用数字记忆法中的记忆诀窍，我们可以轻松记忆所有的时间。

120.40可以记为：这味药饵（12）很灵（0），点（·）中了司令（40）的病害处。

44.10 可以记为：死死（44）地（、）记住动作要领（10）。

712.50 可以记为：其（7）中的一味药饵（12）点（.）中了无理（50）取闹的人。

◎ 怎样记路?

我们很多人都有一种共同的体会，有些司机的记路能力是相当惊人的。无论是道路交错、岔路繁多的繁华都市，还是人烟稀少、阡陌纵横的荒村郊野，只要是他经过的地方。他准保能把来时的道路记个八九不离十。司机的这种记路能力被有些人戏称为“特异功能”。

其实，并不是司机有什么“特异功能”，只不过他们记忆道路的方式与常人确有很大区别，其最主要的区别就在于：司机是用脑子“走”路的。

（1）准确清楚地判断方位，方位是人们行车走路的一个“好帮手”，只要你判明东南西北的方位，你就不会迷失方向，更不会误入迷途。一个有经验的司机，只要他往驾驶室里一坐，就能大体判断出来车辆行驶的方向，他不仅可以通过日出日落来确定方位，还能通过街区的指路标牌，房舍楼宇的朝向以及农田陌纵横的排列，甚至花草树木的阴阳向背等辨别方向。

（2）借助路旁事物记路。车辆行驶到一个新的地方，关键是要记住路口的特征及转向。而每个路口都有不同的特征，如不同的建筑物、不同的植被布局等等。一家店铺、一幢厂房、一块广告牌、一根电线杆、一棵歪脖树，都能使这个路口有别于其他路口。如果没有这类参照物，司机还会想方设法努力地去寻找能够代表这个路口的其他标记。

（3）细心观察，注意发现细小特征。车辆行驶到路口之前，司机就开始注意观察车辆、行人动态，留意路面的平坦与坎坷、笔直与弯曲、宽阔与狭窄，甚至偶然遇到的小坑坑小洼洼、小鼓包、弯度大小、车速快慢和运行时间等等，都有意无意地作为记忆信息储存在司机的脑海里。一旦重新经过这里时。这些信息便会自然而然地想起“旧地重游”的感觉，使其坦坦然然地驱车前行，也令人觉得司机真是轻车熟路，记忆过人。

4．姓名的记忆

戴尔·卡耐基说：“一种既简单又重要的获取好感的方法，就是牢记别人的姓名。”

善于记住别人的姓名是一种礼貌，也是一种感情投资，在人际交往中会起到意想不到的效果。

美国一家电器公司的董事长请公司的代理商和经销商吃饭，他私下让秘书按座位把每位来宾的名字依次记下。这样董事长在饭桌上与每位老板交谈时就能随口叫出他们的名字，这使每个人都惊讶不已，生意也顺利地谈成了。日常生活中处处涉及到如何记住别人的相貌和姓名的问题。两者要“对号入座”，不得张冠李戴，一般来说记相貌不会像记姓名那样困难，记姓名容易发生到了口边说不上来的窘况。如果同一场合出现众多的人，那么究竟应该如何着手呢？一般来说，主要记住一点，那就是：观察一个人的相貌要选择其最突出的特征，如五官、身材中的特别之处，这样你就容易记住这个人了。把观察到的材料在自己的头脑中像漫画家一样想象，把他（她）的特征加以夸张，那么这个人就记住了。

记忆人的姓名的基本方法有：

（1）多次重复这个人的姓名。你要清楚地听清这个姓名，介绍之后要立刻重复这个姓名，交谈中尽可能地用到这个姓名，以便在头脑中扎下根来。

（2）建立有意义的联想。如一个学员的名字叫“严婉庄”，倒过来念“装婉盐”，这样马上就把这个朋友的名字记住了。

（3）运用谐音记忆名字。如有一个刚见面的客户叫“李青齐”，你就可以马上记住这个客户的名字：哦，他是“你亲戚”！

（4）如果我们要在较短的时间内记住 10 个人或者更多的人，怎么办呢？可以这样开始记忆：

①平时自己准备 10 ~ 20 个的记忆密码，熟悉这些密码的别称：如 1“金”2“银”3“铜”4“铁”5“木”6“水”7“酒”8“车”9“房”10“地”等属性的“钩子”，平时做些练习以备运用。

②早一点到场。假如是参加某一社交活动，在男女主人开始介绍客人时，将这些客人用准备的“钩子”联系起来，即“挂起来”。如 1“金”叫田国光，但是个下岗工人不是官；2“银”叫姜海萍，是个主任但不漂亮，等等。

③达到自己记忆差不多的极限数时，找一个安静的角落，看看四周，按照“钩子”的顺序重复回忆一下他们的名字即可记住。如果还有少数不能肯定的，就加入客人中去核对一下。

④如果是业务会议或学术研讨会，往往还有一张到会人员名单（也许还有头衔），还安排午宴或客饭，这是记住他们的好机会。

⑤如果与会者戴有姓名的证章，以标明身份，甚好。

在你回到单位或家后，把这些人的姓名、职务回述记录下来，这样你就可以长久记住。

◎ 如何记忆位置？

位置记忆法是一种传统的记忆术。这种技术在古代不用讲稿的讲演中曾被广泛使用，而且沿用至今。使用位置记忆法，就是学习者在头脑中创建一幅熟悉的场景，在这个场景中确定一条明确的路线，在这条路线上确定一些特定的点。然后将所要记的专案全都视觉化，并按顺序和这条路线上的各个点联系起来。回忆时，按这条路线上的各个点提取所记的专案。

想象在校园里从宿舍到商店的路，路上有书店、邮局、招待所、水房和食堂。现在所要记的专案为奶粉、黄油、面包、啤酒、香蕉。在所记专案和特点位置之间可以进行如下的联想：在书店里到处都弥漫着奶粉香味、书本上都沾满了奶粉；在邮局里人们全用黄油贴邮票；招待所里所有的沙发等家具全是面包制成的；水房里水龙头流出热气腾腾的啤酒；食堂改成舞厅，香蕉式的人们正翩翩起舞。这种联想越奇特越好。回忆时，只要按路线上的各特点位置拿所记专案就行了。

位置记忆法早在公元前447年古希腊诗人西摩尼得斯就曾使用过。在一次宫廷宴会中屋顶突然坍塌，砸死了就餐的其他客人，只有西摩尼得斯幸存。尸体血肉模糊，无法辨认。但他凭着出色的记忆力，闭眼回忆出了席上每个人的名字。他就是充分利用了大脑擅长形象记忆和空间记忆的能力。进化论心理学家提供了一个解释：人类的祖先大概常回忆上一餐的地方或回岩洞的路，所以这种记忆是自然而然形成的。

5. 陌生人形象的记忆

不少人常常有这样的感觉：与一个陌生人见过一面后，会很快忘记别人的面像；但有的人却能记得很清楚。这是有诀窍的。下面向你介绍一种记忆陌生人的方法。

（1）头

当你正面面对一个人时，一个人的脑袋可以分为“大、中、小”3类。每一类又可以细分为：①方型；②长方型；③圆型；④椭圆型；⑤尖头顶的三角型；⑥尖下巴的三角型；⑦宽型；⑧窄型；⑨骨骼粗大型；⑩骨骼纤细型。

如果你是从侧面看一个人的头部，你会发现这个视觉角度看到的头部类型更多，大致包括：

①方型；②长方型；③椭圆型；④宽型；⑤窄型；⑥圆型；⑦面部扁平型；⑧顶部扁平型；⑨后部扁平型；⑩后部圆勺型；⑪前额倾下巴突出的三角型；⑫下巴后削前额隆起的三角型。

（2）头发

头发的样式很多，但有以下基本的特征：①浓密的；②稀疏的；③卷曲的；④笔直的；⑤分头；⑥背头；⑦平头；⑧秃头；⑨中分头；⑩长发；⑪短发；⑫特殊颜色的。

（3）前额

人的前额一般可分为以下几类：①高的；②宽的；③窄的；④两鬓之间较窄；⑤平坦的（无皱纹）；⑥有横的皱纹；⑦有竖的皱纹。

（4）眉毛

①浓的；②淡的；③长的；④短的；⑤两眉相连；⑥两眉分开；⑦平直的；⑧八字型；⑨双眉上挑；⑩末梢细的。

（5）眼睫毛

①浓的；②稀的；③长的；④短的；⑤弯的；⑥直的。

（6）眼睛

①大的；②小的；③突出的（鼓的）；④深陷的；⑤两眼靠近；⑥两眼远离；⑦上斜；⑧下斜；⑨不同颜色；⑩两眼大小不同；⑪白眼仁多，黑眼仁少；⑫白眼仁少，黑眼仁多。

（7）鼻子

从正面看：①大的；②小的；③细长的；④较宽；⑤居中。从侧面看：①直的；②扁平的；③带尖的；④不带尖的；⑤狮子鼻；⑥鹰勾鼻；⑦凹陷的。鼻孔则分为：①直的；②弯的；③向外张开；④向上翘起；⑤孔大的；⑥孔小的；⑦长毛的。

（8）颧骨

正面看人时，颧骨常常是脸型的主要特征，通常有：高颧骨、突出的、平坦的。

（9）耳朵

人们在观察他人相貌时，很少注意到耳朵的特点，其实耳朵可能比其他面部部位更有特点。耳朵可以分为以下几类：①大的；②小的；③扭曲的；④较平的；⑤圆的；⑥椭圆的；⑦三角的；⑧紧贴头皮的；⑨翘起的；⑩大耳垂的；⑪无耳垂的。

（10）嘴唇

①上唇长；②上唇短；③唇小的；④唇厚的；⑤长的；⑥薄的；⑦向外翻；⑧向里翻；⑨弓形的；⑩性感的；⑪红润的；⑫苍白的；⑬其他。

（11）下巴

从正面看有：①长的；②短的；③尖的；④方的；⑤圆的；⑥双下巴。从侧面看有：翘起的、直的、回折的。

（12）皮肤

①白净的；②黝黑的；③粗糙的；④滑润的；⑤油性的；⑥干性的；⑦黄的；⑧苍白的。

其他还包括手、肢体、牙齿、声音、语调等特征，每个人都不一样，大家在生活中要多观察，多比较，做一个细心的人，良好的观察力也是有助于记忆的。

◎ 如何记住朋友

先用电脑建立朋友档案，每个朋友的名字底下要有一定的资料，对他们的专长和爱好有所记录。他们的住所、工作有变动时，也应在你的资料上修正。在他们生日时寄上一张生日贺卡，或请吃个便饭，这样，你就不会忘记你的朋友了。

在档案簿上记下的不一定是最相熟的朋友，原因在于相熟的朋友都会时时想起，而那些有一面或几面之缘的人才应该是记录的对象。这种“朋友”各种行业各种阶层都会有。你不可把这些名片丢掉，应该在名片中尽量记下这些人的特征，以备再见面时能“一眼认出”。但有一点，名片带回家，要依姓氏或专长、行业分类保存下来。你不必刻意去结交他们，但可以借机在电话里向他们请教一两个专业问题，这样来加深对他们的印象。